MAC
超密技！
省時省力的Apple工作術
The Guide of macOS, iMac, Macbook and iPhone

最新最全最多的Mac效率工作術

擁有超過10萬粉絲的專業蘋果教學網站

蘋果仁 編輯群 ——

著

一心文化
SOLO HEART

跳脫PC思維，
從頭開始理解MAC工作邏輯

每次寫書，都深深體會到工作效率以及規劃時間的重要。我白天有正職工作，回到家後才開始經營蘋果仁這個每天瀏覽量破十萬的網站，當中就包括了回覆廠商的信、寫教學文、簽約、修圖、拍照寫開箱等等，另外還有指導網站另外三名編輯如何寫文、審稿等等工作。

不只如此，我同時還代操一家新創公司的粉絲頁、兼職顧問，手上還有三個粉絲團和兩個社團要管理。在這麼緊繃的時間中，還多出了「寫書」這個挑戰，這是一個六萬字和上百張圖的任務。

但我也不是超人，我只是把所有的時間及順序安排好，再善用快速鍵、分類、Spotlight等本書介紹的功能，處理好一個個檔案、寫好一篇篇文章，在有限的時間裡把工作系統化地完成，無論事情再怎麼多，這些任務終究只是會被劃掉的待辦清單。

白天上班時，我用的電腦是 Windows 系統，所以每天都深切體會到「Mac與PC」的不同，以及 Mac在處理工作上是如何的高效。但每次向身邊朋友或同事推薦蘋果電腦時，總是換來恐慌的回答：「會不會很難學啊？」、「我介面都看不懂！」

我完全可以理解他們的恐懼，不過一旦熟悉了Mac的操作介面及邏輯，你很快就會覺得：「啊，原來電腦就應該這樣設計！」像是 Mission Control、App Exposé 等功能，還有超快速的Spotlight 檢索，都是我巴不得PC立刻跟進的功能。

對於新手，本書將從最簡單的Mac介面開始介紹，即使你先前毫無使用蘋果電腦的經驗，相信看完本書也可以立刻上手，成為你提升生產力的利器。如果已經是Mac 用戶了，本書也有較為進階的 Automator、Finder 活用術，相信很多功能就連使用多年的玩家也不見得知道。

這裡也要感謝網站的編輯APlus協助我一同完成此書，還有網站編輯SC、白羊與W編，在我分身乏術時，幫助我兼顧網站及粉絲團的日常營運。

你也是Mac用戶嗎？有哪些你覺得很方便的功能想跟我分享嗎？歡迎直接寄信給我：joeylu@applealmond.com，大家一起交流！

蘋果仁站長 *Joey Lu*

目錄 **CONTENTS**

CHAPTER 01
如何理解macOS 介面？

CHAPTER 02
Mac進階操作

CHAPTER 03
Finder活用術

CHAPTER 04
備忘錄不只是備忘錄

CHAPTER 05
行事曆

CHAPTER 06
iCloud活用術

CHAPTER 07
與組員共用！第三方協作術

CHAPTER 08
整理照片不麻煩！

CHAPTER 09
編輯 PDF/照片在Mac上超簡單！

CHAPTER 10
Automator機器人，幫你處理機械性工作

CHAPTER 11
郵件

CHAPTER 12
Safari上網技巧

CHAPTER 13
Mac推薦App

CHAPTER 01

如何理解
macOS 介面？

MAC 超密技！
macOS 介面介紹

從 Windows 跳槽到 Mac，一開始不僅覺得桌面空空如也，找不到「電腦」、「資源回收桶」就算了，打開程式連常見的工具列都找不到，相信多少會有點手足無措的感覺吧！我一開始從 Windows 轉換到 Mac 時也同樣有這種無力感，但其實只要熟悉了操作，你會發現 Mac 在很多介面的設計上是相當人性的！其實要搞懂 macOS 的介面並不困難，主要就分為四個區塊，以下一一介紹：

一. 中間的桌面區

中間的桌面區與 Windows 一樣，應該不難理解。可以把程式、資料丟在這裡，開啟的程式也會顯示在這裡。

值得注意的是，桌面本身也是一個資料夾（這點與 Windows 一樣），而且 Mac 提供了 iCloud 備份 / 同步桌面的功能，因此你在桌面上的檔案，是可以藉由別台裝置來取用的。關於這點，可以參考之後的 iCloud 章節。

二. 底部的 Dock

放置程式捷徑以及資料夾捷徑的快捷列稱為 Dock，這也是許多人對蘋果電腦印象最深刻的一個設計；在 Windows 上，很多人喜歡把常用的應用程式拉到桌面上，但時間一久，經常就會被埋在許多雜七雜八的檔案裡。

在 Mac 上你當然也可以把程式放在桌面，但更好用的方式，應該說更「蘋果」的方式就是把所有常用的軟體都丟到 Dock 上！桌面放臨時要處理的檔案、程式就固定在底部，有條有理。

Dock 上有一條直線，直線左側是應用程式的捷徑、直線右側是資料夾的捷徑。我個人的習慣是將「下載項目」、「應用程式」放在直線的右邊，偶爾有特殊專案要處理時也可以把資料夾丟到這裡，固定在螢幕下方有種隨時提醒你的作用。

在 Dock 上會顯示：
1. 你手動加入 Dock 的應用程式
2. 目前已被開啟的應用程式

也就是說，假使你現在正在使用一個「不在 Dock 裡的
程式」，它也一樣會出現在 Dock 裡，要直到你把程式
關閉才會消失。所有正在使用中的程式，除了會顯示
在 Dock 上之外，底下還會有一個小黑點，如右圖。

1 至於 Dock 的位置，不一定要位於螢幕底端，也可以在左側或右側；另外在滑鼠沒有移
過去的時候可以隱藏整條 Dock，空出更多桌面空間。相關的設定，可以到「系統偏好
設定」>「Dock」，設定位置、動畫、圖示大小等等。

2 要把應用程式新增到 Dock 上，只要按住程式的圖
示拖曳上去即可，非常簡單！檔案也是比照辦理。

3 至於要把程式或資料夾捷徑從 Dock 移除，只要
按住 Dock 上的圖示不放，往上拉到桌面大約一
半以上的位置，出現「移除」的對話框後放開滑
鼠就可以了。

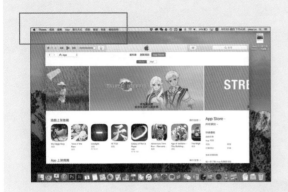

三 . 左上方的應用程式選單列

Mac 與 Windows 最大的不同，就是你現在正在使用的程式，它的選單列不會跟著螢幕視窗，而是固定在左上角。舉例來說，左圖是我開啟 iTunes 程式的畫面，但關於 iTunes 的「檔案」、「編輯」等功能選單，都是固定在螢幕左上方，而非跟著 iTunes 視窗。

如果桌面上同時開啟多個程式，「應用程式選單列」只會顯示你現在正在使用的軟體的選單。

這樣的設計有一個好處，那就是你的眼睛不會在找功能列的時候游移。現在正在使用什麼軟體、滑鼠要滑到哪裡才能按到選單，一旦熟悉之後就會變得非常快速。現在講這些對於新手可能有點難以理解，但實際體驗一陣子過後，你就會體會到選單列固定位置帶來的好處。

在螢幕的最左上方，有一個蘋果 Logo，點開可以看到一些系統的設置，像是系統設定、強制結束、關機、登出等等。可以把這個地方理解為 Windows 的「開始」鈕。

在「關於這台 Mac」裡面，可以看到這台電腦的硬體規格、解析度、硬碟空間等等。

選單內的「強制結束」有點類似 Windows 的工作管理員，可以用來強制關閉死當、沒有回應的程式。

四 . 右上方的系統選單列

右上角的選單列會顯示一些系統訊息，像是時間、電量、Wi-Fi 等等；另外安裝的一些第三方常駐程式也會列在這裡。像是之後會介紹的 BetterTouchTool 自訂觸控手勢、改變剪貼簿樣貌的 ClipMenu，因為都是關係到系統層級的軟體，所以會常駐在電腦裡，它們就會被列在右上角的系統選單列中。在之後的篇幅，會介紹這些實用的常駐軟體！

簡單來說，Mac 的介面只要理解為桌面、左上角的應用程式選單列（會顯示你現正開啟的程式）、右上角的常駐程式列 / 系統資訊列、以及 Dock。

MAC *超密技！*
Mac 如何安裝軟體？

本書之後的教學會有大量的軟體介紹，但要怎麼安裝軟體呢？這也是一開始從 Windows 跳槽過來的網友經常會碰到的基礎問題。Mac 安裝軟體非常簡單，有以下幾種方式：

一、從 App Store 安裝

這是最簡單的方法了，各位在 Dock 上會看到一個 App Store 的圖示，點下去之後會看到熟悉的介面，跟 iPhone 安裝 App 很像。

找到想要安裝的程式，按下去輸入 Apple ID 就會開始安裝。

二、從網路上下載安裝檔

當然，最多的情形還是從網路上下載安裝檔。Windows 的安裝檔通常是 .exe 結尾，在 Mac 上是 .dmg 結尾。載下來會長像右圖這樣。

點兩下 .dmg 檔開啟，會產生一個虛擬磁碟，裡面就是你的程式本身。

把 .dmg 產生的虛擬磁碟裡的程式拉出來，要放在桌面或「應用程式」資料夾裡都可以，這樣就安裝完畢了！把虛擬磁碟裡的 App 拉出來後，別忘了把虛擬磁碟「退出」，在圖示上點右鍵、退出磁碟即可。

下載軟體後，顯示無法安裝？

有時候當你打開網路下載的軟體，會顯示「無法開啟 ***，因為它來自未識別的開發者」。這是 Mac 本身的保護機制，為了避免使用者上網安裝到不明的軟體，預設是只會讓蘋果信任的開發者安裝程式在你的電腦中。

如果你確定下載下來的程式無害（這很重要），可以到「設定」>「安全性與隱私」，點一下左下角的鎖頭，再點選允許「任何來源」的 App 安裝，這樣就可以完成安裝步驟。

至於怎樣才可以確保這些未識別的開發者無害呢？首先就是要確定你程式的載點是官方提供的，才不會下載到被「加料」的軟體；再來就是選存在已久，大家在網路上推薦過的，這才相對比較安全。當然，要確保 100% 沒有問題的話，從 App Store 下載的軟體是最保險的，因為蘋果已經幫你先把關過了。

如果在設定裡找不到「任何來源」的選項，請打開「終端機」App（通常放在「應用程式」>「工具程式」資料夾內），並輸入下列字串：sudo spctl --master-disable，如右圖。 按下 Enter 後，輸入 Mac 的密碼，並關閉終端機（輸入密碼時終端機不會有字跑出來，是正常的）。完成後再回到系統偏好設定，就會發現「任何來源」跑出來囉！

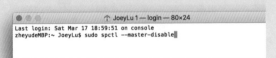

方便管理的技巧 把軟體都丟到「應用程式」資料夾！

Mac 內建一個資料夾叫做「應用程式」，在 Dock 上就可以看到。建議大家把所有網路上載的軟體都丟到這個「應用程式」資料夾內，一來好找，二來之後要刪除也比較方便，不會東一個軟體西一個軟體。「應用程式」資料夾在 Finder 內也可以看到。

如何刪除軟體？

1 直接刪除圖示

要刪除 App，直接把那個圖示刪除就好！上一節教大家如何安裝軟體，這邊就要教大家如何解除安裝了。在 Mac 上要刪除軟體也很簡單，還記得先前教大家安裝軟體時，曾經說過把 .dmg 產生的虛擬磁碟裡的 App 圖示，拉到任一資料夾，那個就是你的 App 嗎？一些輕量的軟體如 LINE、Skype、Spotify 等等，都可以用這樣的方式刪除，是不是無腦又簡單啊？

2 刪不乾淨？用 App Cleaner 幫你

雖然直接把 App 刪除就代表解除安裝了，但有時這些 App 會在電腦裡留下一些暫存檔之類的「垃圾」，要把這些垃圾完全清理乾淨，可以用 App Cleaner 這個軟體。把要解除安裝的程式直接拖拉到 App Cleaner 內，除了會卸載主程式以外，也會把這些軟體產生的垃圾也一併刪除。

App Cleaner 載點：https://goo.gl/SeZY8Y

 拖曳進去之後，點「Remove」即可刪除。

3 移除大型軟體（如 Photoshop）

上述的方法僅適用於一些小程式，至於部分重量級軟體如 Photoshop，通常在安裝的時候就會自帶一個「解除安裝程式」，用官方自家提供的解除安裝軟體會刪得更完全。

第一次使用 Mac，會發現關閉程式等按鍵以紅綠燈的型式顯示在左上角，如右圖。

「紅綠燈」功能如下：
- 紅燈：關閉視窗。
- 黃燈：縮到最小，可在 Dock 上重新打開。
- 綠燈：全螢幕模式。按 esc 鍵，或把滑鼠移到視窗頂端再點一次綠燈即可離開。

注意這邊紅燈指的「關閉視窗」並非「關閉程式」！所謂的關閉視窗，只是把眼前程式關起來，事實上很多程式還是有在運作的。要知道現在的程式還有沒有在背景跑，可以看 Dock 的程式圖示底下是否有黑色小點，若有，代表程式其實還在背景運行。

如上圖，第一、三、四、五、六的軟體其實都還在運行中！

為什麼要有這樣的設計呢？因為程式還在背景跑，代表還沒有被關閉，這時只要再點一次該程式的圖示，就會飛快的打開！這個「紅色叉叉」可以視為讓螢幕不要那麼雜亂的工具而已。

假使我用 Pages 寫書，完成一個章節後，可以儲存後用紅色叉叉關閉視窗；接著要打開第二個空白檔案時，就不用再等程式重跑一遍，因為我只有關閉視窗，而沒有關閉程式。在 Windows 上，按叉叉通常就代表關閉程式了，因此再度打開時還要重跑一遍，相對就比較慢了。

🍎 如何快速關閉程式？

這邊建議大家背三個快速鍵，非常實用：
- ⌘＋ W：關閉視窗
- ⌘＋ Q：關閉程式
- ⌘＋ Tab：切換程式

1 要關閉程式，只要點開程式、按下「⌘＋ Q」即可。如果要快速關閉多個程式，可用⌘＋ Tab 進入切換模式，⌘按著不要放、連點 Tab 切換軟體，當切換到你想關閉的程式時，再按下 Q 鍵（記得⌘從頭到尾都不要放開喔）。

2 除了這個方法外，在 Dock 上的圖示按右鍵，選「結束」也可以！以我的工作習慣來說，通常會一次開啟兩個瀏覽器（Safari & Chrome）、Pages、做圖用的 Photoshop，而且這些軟體都會開啟多個視窗，層層疊疊的畫面就算螢幕再大都不夠用。這時我就會用 Command + Tab 來切換。

NOTE.

如果你開啟的檔案太多，就算用 Command + Tab 也不知道要切到哪去時，就可以用之後章節介紹的 Mission Control，是個比這方法更清晰（但相對較慢）的做法，各位讀者可以針對自己的使用習慣選用。

🍎 程式死當了怎麼辦？

如果不幸遇到死當的程式，按⌘＋ Q 無法關閉，按右鍵結束也沒反應的話，就要使用「強制結束」功能。點右上角的蘋果 Logo，選「強制結束」，選你要關閉的程式後點「強制結束」即可。

MAC 超密技！

Mission Control、App Exposé
幫你管理工作視窗

同時開啟多個程式時，Windows 會把程式放在底部，但 Mac 的底部是 Dock，要怎麼在多個視窗之間切換呢？這時就可以善用 Mac 專屬的 Misson Control 以及 App Exposé 了！

🍎 什麼是 Mission Control ？

Mission Control 會將所有正在使用的程式攤開來在使用者的面前，介面上還可以看到每個程式的縮圖，讓你一目瞭然地知道要切換到哪個程式的哪個視窗。要開啟 Mission Control，可以點 F3 位置的按鈕，或是在觸控板上用三指 or 四指向上滑動，可以到「系統偏好設定」>「觸控式軌跡板」>「更多手勢」設定。

叫出 Mission Control 後，會看到所有的程式攤開在你眼前；每一個程式內的多個視窗會疊在一起，什麼程式現在是什麼畫面都一清二楚。

🍎 讓 Mission Control 連同程式裡的視窗一同展開

如前一張圖片所示，同一個 App 裡的視窗會疊在一起（像 LINE 就有兩個視窗疊著），如果你想要一眼看到目前使用的所有程式以及視窗，可以到「系統偏好設定」>「Mission Control」，把「依據應用程式將視窗分組」取消勾選。

勾選「依據應用程式將視窗分組」的畫面，可
以看到 Pages 裡的視窗都疊在一起。

取消勾選「依據應用程式將視窗分組」的畫面，
可以看到所有的視窗都展開了。

什麼是 App Exposé？

Mission Control 會依照不同程式分類，而 App Exposé 就是把同一個程式裡的不同視窗展開來。
假使你同時開了 5 個 Pages 檔案，App Exposé 就會把這五個檔案展開在你面前，其他程式就不
會出現在這裡。簡單來說，Mission Control 適合用在多個程式之間的切換，App Exposé 適合用
在單一程式、不同視窗間的切換。

在前面的章節有提到，我個人比較習慣用 Command ⌘＋ Tab 的方式在不同程式之間切換，但這
樣做的前提是你腦中要很清楚知道什麼程式現在正在進行怎樣的操作。用 Mission Control 的好處
是，所有正在使用的視窗都以圖像的方式顯示在你眼前，哪個文件在寫書、哪個文件在寫報告、
哪個文件只是備忘錄，用 Mission Control 及 App Exposé 就可以透過滑鼠輕點切換。

Skill 1-5

MAC 超密技！
善用 Spaces 多重桌面，
打造有條有理的工作環境

經營一個網站要處理的事情實在太雜太多，我的電腦桌面經常開著工作用的 Safari、Chrome、Photoshop、Numbers、Pages，聽音樂的 Spotify，溝通用的 LINE、WeChat 等等⋯⋯即便電腦跑得動，一堆程式堆在一起，我的人腦也快超載了。

這時我就會用 Mac 的「多重桌面」功能（稱為 Spaces），即使沒有外接螢幕，也可以依照自己需求打造多個虛擬螢幕出來快速切換，對於多個工作同時進行的人來說是個很好的方式。

如何設定多重桌面

叫出 Mission Control 後，可以看到上方就會列出目前的虛擬桌面，點右上角的「+」鈕，就可以依序增加桌面 1、桌面 2、桌面 3⋯⋯等等，彷彿多了好幾個螢幕一樣！

點右上角的「+」，就可以一直新增虛擬螢幕。要刪除用不到的螢幕，只要把滑鼠移過去，點叉叉即可。

> **NOTE.**
> 要切換虛擬螢幕的順序，只要按住不放再拖移即可。

如何在多重桌面之間切換？

要在多重桌面之間切換，有以下幾種做法：

1. 叫出 Mission Control，點上方的虛擬螢幕就可以直接進入。

2. 按下鍵盤的 Control ＋左右方向鍵，就可以在不同螢幕之間切換。

3. 在觸控板上用三指或四指滑動。可以到「系統偏好設定」>「觸控式軌跡板」>「更多手勢」勾選「在全螢幕 App 之間滑動」，點下面的「用三指左右滑動」就可以自訂要用三指還是四指來切換虛擬桌面。

如何把特定程式拖移到別的桌面？

只要按住程式頂端拖移螢幕視窗，把它往右邊（或左邊）拉過去不放，整個程式就會被移到下一個虛擬螢幕上。

如何設定特定程式僅能在特定桌面開啟？

像這章一開始所說，我會把娛樂用的軟體獨立在別的桌面開啟。既然如此，乾脆就限定它們只能在第三個桌面開啟就好了！

首先，先用 Control ＋方向鍵或其他方式移動到第三個虛擬桌面，這時在 Dock 上的軟體點「右鍵」>「選項」> 指定到「此桌面」。這樣以後 Spotify 一開啟就會自動跑到第三個桌面去！達成多重桌面管理的效果。

站長工作心得

我如何安排多重桌面？

相信大家都同意，只要能夠全心的專注在一項工作上面、排除一切干擾，一次到位的把工作完成是最有效率的。但真正在實行時卻是困難重重，因為一下會被背景 Facebook 吸引，一下又忍不住去上 PTT 或 LINE……因此我的作法，就是在開始工作之前，先把所有會用到的程式拉到一個虛擬桌面來，並告訴自己「完成工作前絕不離開」。

首先，就要先搞清楚自己手上的工作有哪些種類。像是我寫文章需要用到 Chrome、Pages 以及 Feedly（一種 RSS 閱讀器），我就會把這三個程式放在同一個桌面；工作要用到，但是屬性不同的 Photoshop、Final Cut Pro 我會放在第二個桌面，這樣在寫文章時才不會一直看到，工作時就限定自己只在這兩個桌面上切換。

至於娛樂用的 Facebook 和 YouTube 我會改用第二個瀏覽器 Safari 開，這就可以跟其他休閒類的程式如 LINE、Spotify 放在第三個桌面。使用 Command ＋ tab 切換程式時就不會因為與工作用的網頁混在一起而一起被切換過去，而被吸走注意力。而這個桌面因為與主要使用的虛擬桌面距離較遠，也達到讓我減少跑到那邊去消耗時間的目的。如果真的不小心切換到這個桌面，一看到滿滿的娛樂用 App，我也會立刻警覺到並迅速切回工作桌面。

Skill 1-6

MAC 超密技！
全螢幕＋分割視窗工作，
排除不必要的干擾

要達成高效工作，最重要的一點就是排除不必要的干擾！即便把自己關在房間內，桌面的 LINE、YouTube 還是經常把注意力吸走，除了可以用先前教的「多重桌面」功能把娛樂、工作分開處理之外，這篇教的方法又更為極端但有效，那就是……讓程式進入全螢幕模式，完完全全的工作狀態！這種工作法可以讓你毫無雜念的沉浸在畫面中，不會被背景的各種誘惑分了神。

讓單一程式進入全螢幕模式

先前有提過，Mac 左上角的紅綠燈代表的分別是「關閉視窗」、「縮到最小」以及「全螢幕」，點下綠色按鈕就可以讓螢幕占滿整個 Mac 畫面，排除讓你分心的因素。效果如下圖，沒有桌面、沒有 Dock，只有純粹的程式畫面，工作完成之前不能離開！

全螢幕程式類似於虛擬桌面

前面章節提過的「虛擬桌面」，在全螢幕程式中是類似的觀念，進入全螢幕狀態的軟體可以視為另一個虛擬桌面，只是這個桌面僅運行那個程式而已。因此一樣可以用 Control ＋方向鍵、三／四指滑動的方式切換到原本的桌面。有了這個觀念，就可以提到進入全螢幕程式的第二種方法，那就是叫出 Mission Control 後，直接把程式拖移到上方的虛擬桌面即可，好像新增一個桌面的感覺。

離開全螢幕模式

要離開全螢幕程式，只要把滑鼠移到視窗最上面（這時左上角的紅綠燈就會跑出來），再點一次一開始的那個綠色圓鈕即可；第二種方式，就是按下 esc 鍵。

全螢幕模式下，如何分割視窗

假使我正在寫文章，需要同時開啟 Pages 以及 Finder，或是同時開啟 Pages 及 Safari 查資料。這時就可以用「分割視窗」的功能，在全螢幕狀態同時開啟兩個 App。

 要進入分割視窗，可以在叫出 Mission Control 後，拖曳你要開啟的第二個程式到全螢幕狀態的程式上。

效果如下圖。按住中間的黑色線條，就可以調整兩個程式的比例。

2 第二種方式，是按住程式左上角的綠色按鈕不放，這時就可以選擇要把它放到哪邊的分割畫面中。

放好之後，螢幕另一邊會變成 Mission Control，這時再點要開啟哪個程式即可。

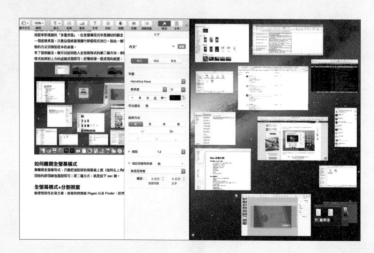

當然這種模式有其缺點，因為像我經常需要一邊寫文章一邊上網找資料、確認名詞等等，同時也要在 Photoshop、Finder 之間切換，所以用全螢幕模式顯然就不符合我的使用情境。但假使我現在需要全神貫注地把一份讀書心得寫完，那我就會開啟全螢幕模式，讓眼前的畫面只有白紙一張，並發願「不完成工作絕不離開」，這種方法更極端但效率高，推薦給大家試試！

如何開啟 Launchpad ？

1 在 Mac 電腦上，並沒有類似 Windows 的「開始」工具列可以找到所有的軟體，因此要找到你電腦內的所有程式，可以到 Finder 裡的「應用程式」資料夾（如果一開始安裝時有把程式拖曳到這裡的話）。

2 第二種方式，就是用本篇教的 Lauchpad。在觸控板上用四指或五指一抓，就可以叫出右圖的 Launchpad 畫面，操作手勢一樣可以到「系統偏好設定」>「觸控式軌跡板」>「更多手勢」內的「Launchpad」設定。

Launchpad 與 iPhone 的介面很像，將程式一個一個列在眼前，透過兩指滑動就可以翻頁。

3 其他操作方式與 iPhone 也非常類似，長按不放可以按叉叉將程式刪除，或是把圖示拖曳疊在一起，變成一個資料夾。在 Launchpad 畫面中，也可以直接拖曳程式到 Dock 上成為捷徑。離開 Launchpad 畫面，只要點一下畫面空白處，或是按下 esc 即可。

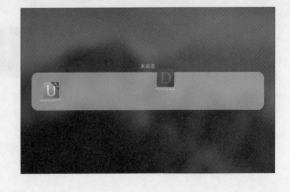

為何有些軟體無法在 Lauchpad 刪除？

長按圖示不放後，會發現有叉叉鈕的軟體只有一小部分而已。這有兩種原因，第一種是「內建的軟體」，像是 Safari、計算機、App Store 之類的；第二種，就是你的軟體並非在 App Store 下載的。其實很多軟體我們都是透過官網或是朋友給的安裝檔直接安裝，這類不是從 App Store 下載的 App，就不能在 Launchpad 直接刪除，可以參考先前的章節了解如何徹底的移除程式。

在 Launchpad 搜尋程式

安裝的軟體一多，即便都列出來也是找不到，這時就可以用 Launchpad 頂端的搜尋列來找。不用輸入程式全名，只要部分符合就會列出來了，但要搜尋程式，個人更偏好本書之後會教的 Spotlight！

MAC 超密技！
通知中心，管理行程和訊息

無論是網站或應用程式的通知，只要有新消息，就會顯示在通知中心中，Mac 上的通知中心其實就跟 iOS 的通知中心一樣，除了顯示通知外，也具有 Widget 的頁面，一天之中的所有消息還有行程，都匯集在通知中心了。

如何開啟通知中心

開啟通知中心的方式有兩種，最快的方式是在軌跡板最右側用兩隻手指向左滑，另一種方式則是點一下螢幕右上角的通知中心圖示。

◉ 軌跡最右側二指左滑。

◉ 點選通知中心圖示。

調整通知中心的 Widget

1 macOS 的通知中心跟在 iOS 上一樣，有分為「今天」與「通知」兩個頁面，「今天」的頁面上就是專門放置 Widget 的地方，「通知」則是顯示應用程式及網站推播通知的地方。

2 要加入新的 Wideget，只要在「今天」的頁面最下方按一下「編輯」，側邊就會出現你還可以加入的 Widget。

3 點一下「＋」就可以加入，反之，如果今天要移除不需要的 Widget，只要點一下「－」即可。

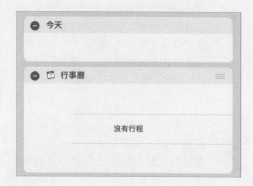

4 如果要編輯 Widget 的順序，不需要按下編輯，可以直接拖住 Widget 的最上端來移動。

只選擇實用的 Widget

因為通知中心的版面有限，我們要盡可能地讓它可以「一目瞭然」，所以建議可以將一些不實用或者根本不好用的 Widget 拿掉。

第一個最該拿掉的 Widget 就是「計算機」，Mac 不具有觸控螢幕，所以 Widget 的計算機必須用鼠標一個一個的點，還不能用鍵盤輸入，麻煩又沒效率。

如果要使用計算機的功能，Spotlight 的計算機會是更好的選擇，可以用鍵盤輸入，還能做更強大的運算，相較起來 Widget 的計算機真的一點也不實用。

在這裡我個人只會放上幾樣 Widget，分別是：iTunes、天氣、行事曆、提醒事項，這四個。

1 **iTunes：**有時候邊聽音樂邊工作，如果想要知道現在聽的是哪首歌或者對這首歌進行跳段之類的操作，可以不用開啟 iTunes 的主程式，直接在這裡就可以進行操作了。

2 **天氣：**一天的天氣會是我決定要不要出門、出門要帶什麼穿什麼的依據，所以天氣對我來說是一項必備的 Widget，而且這邊只要點一下就可以看到更詳細的天氣預報，這樣一來我們也不需要多花時間去看天氣網站的資訊。

3 **行事曆：**有時候我個人行程滿多的，可是又滿健忘的，所以習慣將重要的行程排入行事曆中。跟 iTunes 一樣的道理，使用行事曆的 Widget 可以讓我們不用進到主程式，就可以看到最近時間的行程。

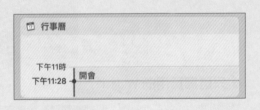

4 **提醒事項：**除了行事曆外，我還會利用提醒事項來幫自己記東西，不過主要是用來記一些瑣碎的事項，例如：拿東西、買東西、寄東西，基本上就是一個待辦事項的記錄工具。

🍎 在通知中心快速回覆訊息

像 LINE、KakaoTalk 這些通訊類的應用程式，通常都可以直接在通知中心回覆，當有訊息時，通知中心就會出現橫幅，將鼠標移到橫幅上就會出現「回覆」的按鈕，點一下就可以快速的在橫幅上回覆。如果橫幅已經縮回通知中心裡，則只能點一下進入主程式來回覆。

🍎 藏在通知中心裡的兩個開關：「勿擾模式」和「NightShift」

大家剛進通知中心時可能沒有看到這兩個開關，不過我們只要將通知中心的頁面往下拉，就可以發現這兩個開關了。

NightShift 的部分，如果是太舊的機型就不支援這項功能了，如果你是新的 Mac 卻沒有這項功能，請到 App Store 更新你的 macOS。

勿擾模式與 NightShift 不一定要手動啟用，勿擾模式可於「系統偏好設定」＞「通知」＞「勿擾模式」中設定排程，NightShift 則可於「系統偏好設定」＞「顯示器」＞「NightShift」中設定。

Dashboard 是 Mac 中的「小工具」功能，而這些小工具又稱為 widget，如果你是剛從 Windows 轉用 macOS 的使用者，你會覺得它像 Windows 7 中「桌面小工具」的功能，基本上兩者是差不多的，但在 Mac 上怎麼使用 Dashboard 的功能呢？

一、Dashboard 的兩種模式：Space

Dashboard 可以設定為「作為 Space」和「作為覆疊」兩種模式，在「作為 Space」的模式時，Dashboard 會像我們前面章節所介紹的「虛擬桌面」一樣，形成一個獨立的 Space 頁面，我們只要利用三指往上滑，就可以在 Mission Control 的最左側看到 Dashboard。

二、Dashboard 的兩種模式：覆疊

而在「作為覆疊」模式時，Dashboard 則是會變成半透明的樣子，直接蓋在你正在使用的頁面上。這種模式最適合用於便條紙，你可以一邊看到螢幕上的資訊，一邊把事情記在便條紙上。

可以在「系統偏好設定」>「Mission Control」>「Dashboard」調整這兩種模式的快速鍵。

在 Dashboard 上新增或移除 Widget

前面有提到，Dashboard 上的小工具就叫做「Widget」，除了系統一開始就幫我們擺好的以外，在 Dashboard 左下角「⊕」的按扭按一下，就可以在 Dashboard 額外加入其他 Widget 小工具。

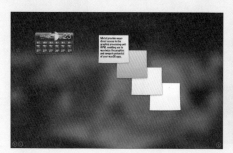

要移除 Widget，只要按一下 Dashboard 左下角的「⊖」，Widget 上就會出現「⊗」的按鈕，點一下就可以移除我們不需要的工具移除。

該保留哪些 Widget?

目前我覺得 Dashboard 最大的用處就是「便條紙」，當我們在某些網頁看到想筆記一下的東西時，打開「備忘錄」或「Pages」來記錄並沒有那麼直覺又快速，這時候我們就可以利用 Dashboard 的便條紙 Widget 來記錄，方便又快速，只要離開 Dashboard，這些東西也不會擋在我們的桌面及畫面中，所以我平時就是把 Dashboard 當作一個筆記的空間來使用而已。

而且我們可以在 Dashboard 上加入很多張的便條紙，還可以隨自己的需求來擺放位置，需要做小筆記的話，Dashboard 的便條紙我想應該是最方便的。

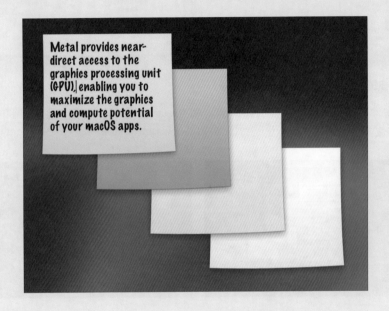

「行事曆」、「天氣」、「股市」、「世界時鐘」……等，這些功能都可以從通知中心的「今天」頁面中看到，所以我想沒有把這些 Widget 留在 Dashboard 上的必要，可以移除。

「計算機」是我覺得最沒必要留在 Dashboard 上的，因為 Mac 不具有觸控螢幕，用軌跡板或滑鼠一個一個的點實在太麻煩了，再加上內建的 Spotlight 具有更強大的計算功能，還能直接用鍵盤輸入，如果是我，絕對不會傻傻的用 Dashboard 上的計算機，那樣既不方便又沒效率，所以可以爽快地將計算機的 Widget 直接移除。

MAC 超密技！

不只能搜尋檔案！
Spotlight 加快工作速度

Spotlight 這功能是我認為 Mac 及 iPhone 上最方便的功能之一！透過 Spotlight，你可以快速的找到電腦裡的各種檔案、程式，甚至可以做匯率換算、簡易計算機等等，而且透過快速鍵可以直接叫出來，不用開啟任何程式！

Spotlight 的搜尋速度極快，而且可以搜尋檔案內文。假使你要找一份 2015 年的報表，在過去可能習慣用「公用資料夾 > 報告資料 > 報表 > 2015 >……」這樣去翻找，但在 Mac 中，只要透過 Spotlight，就算你只隱約記得報表的標題好像叫做「2015 年度報告……」，也可以直接搜尋出這個檔案，省去了翻找的時間。

如何開啟 Spotlight ？

1 點螢幕右上角的放大鏡圖案，就可以叫出 Spotlight。

2 但建議還是用快速鍵開啟更為方便，在「系統偏好設定」>「鍵盤」>「快速鍵」>「Spotlight」可以設定如何開啟 Spotlight，一般預設是 Command ⌘＋空白鍵，這邊我自己的偏好是設定成 Control ＋空白鍵，這沒有影響。

3 按下快速鍵後，螢幕中間就會出現這個搜尋列，彷彿電腦內的 Google 搜尋一樣。

用 Spotlight 搜尋軟體

先前在介紹 Launchpad 的章節中，我曾提到
用 Spotlight 會是更快的方式。原因就是在
Spotlight 內只要輸入「部分」程式名稱，就
可以找到軟體，像是輸入「photo」的結果如
右圖。在此圖也可以看到，Spotlight 同時也
會列出包含這個關鍵字的檔案、網站、搜尋
結果等等。因此功能相較於在 Launchpad 裡
搜尋更快，也更完整。

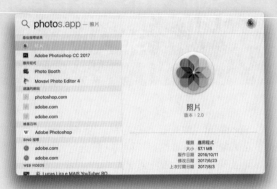

利用副檔名搜尋

輸入特定副檔名，Spotlight 也可以列出電腦
內所有這類型的檔案，像是右圖。

搜尋網頁內容

Spotlight 也可以拿來搜尋網頁，右側會列出
網頁預覽，看看是不是你要的搜尋結果。

拿來當計算機

這是我經常使用的功能，直接在 Spotlight
上輸入數字就可以當簡易的計算機使用。支
援先乘除後加減、甚至次方、三角函數都
OK！個人最常拿這個功能快速計算網頁上看
到的一些數字，像是匯率等等。

在 Mac 上也有計算機，但用 Spotlight 更
快，而且用快速鍵就可以叫出來。

🍎 直接換算匯率

當然，要換算匯率也可以直接使用 Spotlight！在跟朋友聊天的時候剛好問到「上次去日本的餐費要還你多少？」，我馬上就可以叫出 Spotlight 並搜尋「100 日圓」，這時除了會列出新台幣的換算結果，底下也會有美金、歐元等等。

🍎 Spotlight 也支援內文搜尋

這功能真的非常神奇，Spotlight 不僅可以搜尋檔案標題、副檔名，連內文的內容都可以一併搜尋。假使我要找書裡電子檔的某一章，但忘記當時下的標題，只隱約記得內文是關於「工作管理員」之類的，那就直接打出關鍵字，讓 Spotlight 幫你搜尋內文結果。重點是這功能速度超快，非常方便！

🍎 隱藏不想被顯示的搜尋結果

如果有些東西不想被顯示在 Spotlight 裡面，可以到「設定」>「Spotlight」>「隱私」，點左下角的「+」把要隱藏的資料夾加進來。

在下圖的「搜尋結果」分頁中，可以自訂要顯示哪些結果，像是我幾乎不會用 Spotlight 找聯絡人，就可以取消勾選這個項目，避免搜尋出來的結果太多太雜亂。

在搜尋結果開啟檔案所在的資料夾

1 假設我要找一部叫做 20160420 的影片,雖然可以透過 Spotlight 直接找到這個檔案,但我其實是想知道這個檔案到底被我存到哪裡了。

2 這時就可以按住鍵盤的 Command ⌘ 不放,再點 Spotlight 的搜尋結果兩下,這樣就會開啟「這個檔案所在的資料夾」。

站長工作心得

善用 Spotlight,不再花時間找檔案

把工作用的檔案有條不紊的整理好是理所當然的,但每當我要翻過去的檔案時,其實很少會在層層資料夾中翻找,大多是靠著「隱約的記憶」直接把關鍵字輸入 Spotlight 就可以了!如果這樣還找不到你的檔案,可以參考後面章節介紹的「Finder 搜尋術」,但基本上,90% 找尋檔案的時候,靠著 Spotlight 就可以快速完成。

MAC 超密技！

Mac 上的必學快速鍵，
以及快速鍵要怎麼看？

要將作業效率最大化，如何掌握速度幾乎是最重要的。因此在工作時我能用快速鍵的地方就會用快速鍵，包括 Command + Space 叫出 Spotlight、Command + tab 切換視窗，或是下方介紹的各種必學快速鍵。

不要覺得背這些很困難，一旦掌握了之後，那飛快的工作速度是很有快感的！

在 Mac 的選單上，經常都會在右側列出功能的快速鍵怎麼打，如右圖。

功能	快速鍵
顯示標籤列	⇧⌘T
檢閱器	▶
顯示頁面縮覽圖	⌥⌘P
隱藏字數統計	⇧⌘W
顯示尺標	⌘R
參考線	▶
顯示佈局	⇧⌘L
顯示隱形符號	⇧⌘I
顯示註解面板	
註解和更動	▶
隱藏合作活動	
顯示排列工具	
顯示顏色	⇧⌘C
顯示影像調整器	
縮放	▶
顯示警告	
進入全螢幕	^⌘F
隱藏工具列	⌥⌘T
自定工具列…	

但這到底要怎麼看呀？其實鍵盤上面應該都有寫，那些箭頭、線條代表的符號就是 Control、Option 之類的按鍵，也可以參考這張表：

符號	意思
⌘	Command
⇧	Shift
⌥	Option
^	Control
⇪	Capslock（大寫鎖定）
fn	功能鍵

Mac 新手必學的快速鍵

這邊列出我最常用的快速鍵，也都非常好記，因為很多與 Windows 都是通用的，只要把 Windows 的 Control 換成 Command 就可以。

一、系統通用快速鍵

⌘+ Q：關閉程式（Q = quit，退出的意思）
⌘+ W：關閉視窗（W = windows，這快速鍵可以關閉視窗，但程式會在背景繼續運作）
⌘+ H：隱藏視窗（H = hide）
⌘+ M：視窗縮到最小（M = minimum）
⌘+ S：存檔（S = save）
⌘+ N：開新視窗或檔案（N = new，在 Finder、Safari 是開新分頁，在 Photoshop、Pages 裡是開新檔案）
⌘+ R：復原（R = recover）
⌘+ Tab：在程式間切換
⌘+ ~：在同一程式間切換視窗
⌘+ i：顯示檔案資訊（I = information）
⌘+ ,：偏好設定（常用！建議背好，在任何程式內按⌘+，就可以叫出該程式的設定）
⌘+空白鍵（或 Control +空白鍵）：Spotlight 搜尋列

二、與 Windows 通用快速鍵

Control ＋ X → ⌘+ X：剪下（無法剪下檔案，請見下一章節）
Control ＋ C → ⌘+ C：複製
Control ＋ V → ⌘+ V：貼上
Control ＋ P → ⌘+ P：列印
Control ＋ A → ⌘+ A：全選
……以此類推，很多都是通用的。

當然，很多快速鍵也是可以改的，如果在「系統偏好設定」>「鍵盤」>「快速鍵」裡面就可以針對許多功能額外設定。 如果有更奇特的快速鍵需求，可以用之後章節會介紹的「BetterTouchTool」這款軟體設定！

CHAPTER 02

Mac
進階操作

Skill 2-1

MAC 超密技!
Mac 輸入法全攻略
（標點符號、特殊符號、注音文、全形英文）

Mac 上要怎麼輸入注音文、全形英文或特殊符號呢？其實不用硬背，在 Mac 上這些輸入法都是有邏輯可循的！

🍎 如何輸入標點符號

首先，請先看右上角，確認自己現在處於什麼輸入法模式中，因為：

- 英文輸入法只能打出半形
- 中文輸入法只能打出全形，包括全形英文、標點符號。

所以，要打出全形標點符號，只能在中文模式下進行。這邊有一個簡單的邏輯，所有的標點符號要不是直接按鍵盤上的按鈕，不然就是就是 Shift 加上鍵盤上的符號就對了。舉例來說：

❶ 單引號（「」）：鍵盤上的「按鍵

❷ 雙引號（『』）：Shift +「

❸ 逗號（，）：Shift +ㄝ

❹ 頓號（、）：直接按鍵盤上的頓號鈕

可是上圖的按鈕除了頓號，還有直線斜線等符號，這要怎麼打呢？很簡單，打出頓號後，不要按 Enter，先按下空白鍵（或往下的方向鍵）就可以選擇更多符號。

想打的符號沒有列在鍵盤上，怎麼辦？

像是【 】、《 》這類符號並沒有列在鍵盤上，這要怎麼打出來呢？這裡有個簡單的小訣竅，就是看鍵盤上的哪個符號跟這些符號長得最像！

舉例來說，【 】這兩個符號，跟鍵盤上的 [ ] 長得很像對吧！這時按下鍵盤上的這個符號。這時一樣不要按下 Enter！按一下空白鍵叫出選單，就可以看到這符號列在裡面了。

同理，《》跟〈〉在鍵盤上是同一個按鍵；/ 跟 ÷ 是同一個按鍵（因為都是除法）；〃 跟 ” 跟 " 是在同一個按鍵，Mac 輸入法基本上是有些邏輯可循的。

輸入全形英文字母

在本節的一開始就有提到，「全形」的任何字體都只有在中文模式下才能輸入，因此先確認自己在中文模式中。

- 按著 Shift 不放、打字，就可以打出全形英文大寫了。
- 按住 Option 不放、打字，就可以打出全形英文小寫。
- 按著 Shift 不放、打字，打出英文全形大寫後按下空白鍵，也可以切換為小寫。

打注音文

Mac 要輸入「今天ㄉ天氣好熱ㄛ」這種句子，只要在打完注音後不要按空白鍵，直接按 Enter 即可，步驟為：按一下鍵盤上的注音，螢幕出現該注音，直接按下 Enter。

輸入歐洲字元

像是 Pokémon GO 的 é 要怎麼打出來呢？做法也很簡單，首先，因為這個字是半形，所以請先確認自己處於英文輸入法模式下。接著打 e，但是按著鍵盤不要放，就會出現下圖選單。

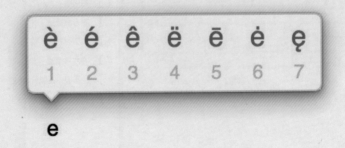

這時再按下鍵盤上的數字就可以選擇第幾個歐洲字元了！大寫也一樣，按住 Shift ＋字母按鍵不放，就可以叫出選單。

輸入特殊符號（含全形空白）

要輸入全形空白比較麻煩，首先，先切換到注音輸入法，接著打「Shift + Option + B」，就可以叫出特殊符號清單。

像是刪節號、小於等於、根號都可以在這些選單裡找到。至於「全形空白」，藏在選單點「符號」裡，可以找到「全形空格」這個字了。

輸入超奇怪特殊符號

一般寫文章會用到的符號，基本上透過鍵盤以及空白鍵叫出來的選單就都可以應付了。但如果要輸入一些類似版權標記、開根號，或是🐎☁️🗡️之類的象形文字、Emoji 等等，就要使用特殊字元選單！按下快速鍵：「Control + Command +空白鍵」即可叫出右圖。

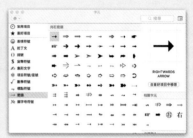

字元選單上面的搜尋列也很好用，輸入「版權」就可以打出 ©，輸入「箭頭」就會列出各式各樣的箭頭讓你選。

簡體轉繁體、繁體轉簡體

在 Mac 上提供一個相當方便的簡繁互轉功能，只要先把要轉換的字打好、反白，在右上角輸入法裡面選「將文字轉換為簡體中文」即可，不用再去學拼音等其他輸入法了！

反白文字、點輸入法、將文字轉換為簡體中文，就可以了！

善用辭典、預測字詞，
加快打字速度！

相信大家的打字速度應該都不慢，但遇到要輸入像「100 台北市中正區重慶南路一段 122 號」這種經常要打、字數又多的字，就可以善用 Mac 的「預測字詞」功能來加快速度！

舉例來說，我可以把上述的「100 台北市中正區重慶南路一段 122 號」與「addresss」這個字綁定在一起，以後只要輸入 addresss 就可以自動改變為那一長串地址。要如何設定呢？到「系統偏好設定」>「鍵盤」。

點上方的「文字」分類，就可以進入使用者字典。點一下下方的「+」，在輸入碼輸入「addresss」，再於字詞的地方輸入你的地址。以後只要我打輸入 addresss 再按一下空白鍵，就會直接變成後面那段文字。

🍎 為何故意用 address "s" 而非 address 呢？

並不是我拼錯，而是如果你把輸入碼設定為太常見的字，哪天真的需要輸入「address」這個字時，就會一直跑出後面那串中文，這樣就很惱人了。因此還是建議把「輸入碼」設定為平常不大會真的需要輸入的字比較好。

設定完成後，輸入 addresss 就會出現下圖畫面：

> **addresss**
> | 100台北市中正區重慶南路一段122號 ✕ |

按下空白鍵，就會自動替代為「100 台北市中正區重慶南路一段 122 號」。如果不想要替換，點一下叉叉即可。同理，我也可以把「XDD」改為 😆、omw 改成 On my way! 之類的。

MAC 超密技！
活用 Delete 鍵加快打字

在 Windows 上有「Delete」跟「Backspace」兩個按鈕，一個是往左刪除字元，一個是往右刪除字元；但在 Mac 上卻只有一個 delete 鍵，但只要善用組合鍵，就可以大幅增加刪除文字的效率。前面教快速鍵的章節有提到，「提高速度」是我最在意的工作法，身為以文字為生的工作者，善用刪除鍵可以大幅減少編輯的時間。

「fn＋Delete」，刪除右邊文字

fn＋delete 可以讓游標往右邊刪除文字，跟 Windows 的 del 鍵功能一樣。

「Option＋Delete」，一次刪去一個單詞

Option＋delete 可以一次刪除「一個單詞」。以中文來說，像是這句話：「小明昨天去游泳池」，就可以依照「小明」、「昨天」、「去」、「游泳池」這樣一組一組刪除；英文也一樣適用，像是「I'm having chicken for lunch」共五組字，按五下 Option＋delete 就可以刪除完畢。

「Command＋Delete」，一次刪除一行字

有很多句話要刪除的話，用「Command ⌘＋Delete」就可以一次刪除一行，是效率很高的刪除方式。

Skill 2-4 在彈跳視窗用鍵盤切換按鈕

在 Mac 上跳出下右圖的彈跳視窗時,要怎麼用鍵盤快速地切換「儲存檔案」、「取消」等按鈕呢?
這個在 Windows 上只要用「Tab」鍵就可以達成,可是在 Mac 上,請依照此篇教學開啟相關設定
才能使用喔!

1 要開啟這項設定,請到「系統偏好設定」>「鍵盤」。

2 到「快速鍵」分類,勾選左下角的「所有控制選項」,這樣一來就可以用 Tab 切換所有面板的所有控制選項了。完成勾選之後,直接關閉系統偏好設定的視窗即可。

3 之後，只要跳出下圖這樣的彈跳視窗。

4 按一下 tab，就會發現其他按鈕出現藍色的外框。

5 這時點一下「空白鍵」，就可以點選有「藍框的按鈕」了！鍵盤操作鍵如下：
- Enter 鍵：代表按下藍色按鈕，也就是上圖的「儲存檔案」。
- 空白鍵：代表按下藍框按鈕，也就是上圖的「不要儲存」。
- Tab 鍵：繼續切換藍框按鈕，也就是會把藍色框框從「不要儲存」移動到「取消」。

我在切換程式時,會使用 Command + tab 這個快速鍵,但這功能只能在不同程式之間切換,像是下圖:

但假使你像右圖這樣同時開啟了多個 Pages 視窗,或是多個 Finder 資料夾,每個視窗彼此疊在一起,這時又要怎麼切換比較好呢?

除了用先前教過的 Mission Control 以及 App Exposé 之外,也可以用神奇快速鍵「Command ⌘ + ~」這個快速鍵也非常好記,只要看過右圖即可記住。

App內視窗切換 ⟶
App間切換 ⟶

站長工作心得

快速鍵切換加快工作

- 切換不同程式:Command + tab
- 切換同程式不同檔案:Command + ~

因為在編輯文件時,通常會開啟 1 至 2 個 Pages 檔案,需要使用的圖片又存在不同的資料夾,因此會開啟 3 至 5 個 Finder。一下 A 檔案要用到「資料夾 3」的圖片、一下 B 檔案又要用到「資料夾 2」的圖片,因此我的切換就會是 Command + tab、Command + ~、Command + tab 這樣來回使用。由於 Mac 將這兩個功能的快速鍵的位置設計得相當近,因此這樣切換是很快速的,建議各位把這個功能學起來,這可是很多 Mac 老手也不會用的喔!

MAC 超密技！

複製、貼上文字格式
以及貼上無格式文字

Skill 2-6

「複製格式」在處理文件上是非常好用的功能，像我在寫文章時（包括撰寫本書時），習慣先一口氣把所有文字都打好，然後再一一把「標題」、「標題二」、「紅色強調字」加在文章內。但要一個一個改文字顏色跟大小實在太慢了，因此這裡就可以熟記快速鍵：

- 複製文字格式：Option + Command + C
- 貼上文字格式：Option + Command + V

善用這兩個快速鍵，就只要先反白標題文字、「複製文字格式」，再去反白另一行文字並「貼上文字格式」，這樣就可以把後來反白的字也變成你想要的格式了。

🍎 如何貼上無格式文字？

假使我現在把一段字從網頁上複製下來，貼在 Pages 上，經常就會把網頁上的字體顏色、超連結、行距等等格式都一併複製下來了，但我只想要貼上無格式文字啊！這時就可以善用快速鍵。

- 貼 上 無 格 式 文 字：Shift + Option + Command + V。

NOTE.

這邊雖然用「無格式文字」作為解釋，可是這組快速鍵其實是「將貼上的文字符合週遭的文字格式」，也就是說，假使你複製了一段文字，貼在一串紅色文字的段落內，那麼貼上的文字也會是紅色的。

MAC 超密技！

在 Mac 上用觸控板
手寫文字輸入

如果遇到不會念的字，在 Mac 上有沒有辦法用觸控板達成像 iPhone 一樣的手寫輸入呢？答案是可以的！以下就教各位如何把 Mac 那巨大的觸控板變成你的手寫板。

1 首先，到「系統偏好設定」>「鍵盤」>「輸入方式」，並點左下角的「＋」來新增輸入法。

2 由於 Mac 的輸入法很多，如果找不到「手寫」的話，可以用右上角的搜尋列來幫你。找到之後點「加入」。

3 接著就可以在螢幕右上角的輸入法清單中找到「顯示手寫輸入」了，也可以使用快速鍵：「Ctrl ＋ Shift ＋空白鍵」直接叫出手寫輸入板。

4 接著就會叫出這個手寫板：

5 但稍微寫一下就會發現，看不到自己的手實在好難把字寫好啊！這邊教大家一個小訣竅，那就是「不要看螢幕」！眼睛盯著 Mac 的觸控板，想像用手指在觸控板上寫字就好；寫完抬頭看看螢幕，就會發現寫出來的字了！

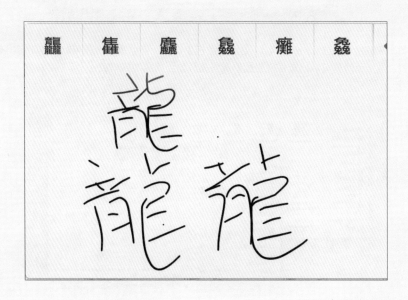

MAC 超密技!

善用 Command 鍵
拖曳疊在後面的視窗

Skill 2-8

我很不喜歡在視窗切換間浪費時間,因此這也是我經常使用的功能。當有兩個視窗疊在一起時,按住 Command 不放,就可以在不影響前面視窗的狀態下移動後面那個被壓住的視窗,操作如下。

1 假使我要把「螢幕截圖」視窗內的圖片拖曳到前面的這個 Finder 資料夾,但這兩個視窗疊在一起了。

2 這時只要按住 Command,並用滑鼠拖曳後面的那個視窗,就可以把空間挪出來露出檔案。這時就可以把圖片從後面的資料夾移動到前面的資料夾。

Skill 2-9

MAC 超密技！

快速改變檔案儲存位置

大家應該都有這樣的經驗，當你完成一份報告要存檔時，在選擇存檔位置就花了很多時間。因為它有可能藏在「公用資料夾 > 年度報告 > Joey > 2017 > ⋯⋯」這種囉唆的路徑。雖然管理好檔案儲存的路徑是必須的，但把時間花在找路徑這種事情上實在不划算。

那要怎麼做呢？很多人會先把檔案儲存在桌面，然後再把檔案拖曳到資料夾裡。其實不用這麼麻煩，先教大家第一種選擇檔案儲存路徑的方式，也是我認為比較囉唆的方法。

一、改變存檔位置方法（較常用）

要儲存檔案時，點一下檔名右側的小箭頭，這樣就可以選擇儲存路徑。

二、改變存檔位置方法（較快速）

1 但接下來的這種方法，才是我認為更快更方便的，按下儲存檔案，跳出儲存視窗之後。

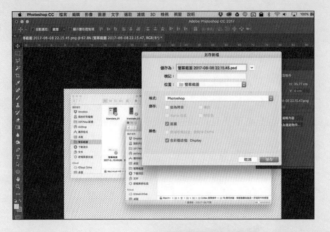

2 用 Spotlight 找到目的地 Finder（不曉得怎麼從 Spotlight 找到目的地所在位置的，可以參考前面的章節），並把要存檔的目標資料夾直接拖曳到儲存視窗上。

3 就可以看到儲存視窗的路徑變成你剛剛拖曳的資料夾了。

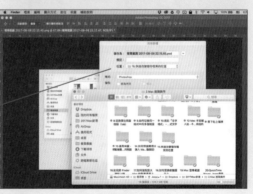

這一串操作中，我只要用 Command + tab 叫出 Finder，或是用 Spotlight 直接搜尋 Finder 位置，滑鼠一拉就完成！

MAC 超密技！
如何將資料夾上鎖？

這個問題三不五時就會有人來信問我，到底在 Mac 上要怎麼建立一個「加密的資料夾」呢？我個人是不習慣使用加密資料夾這東西，因為我的電腦需要密碼才能解鎖，而且也不讓一般人借用；但如果你有一些機密資料，是不希望有人趁你在去廁所、倒個水的途中偷看的話，倒是可以採用加密資料夾的方式。

首先，在 Mac 上這類功能叫做「投遞箱」，有點類似實體的信箱一樣，你可以把東西丟進去，但是必須要有密碼才能打開資料夾來看。建立的步驟如下。

1 先建立一個資料夾。點一下資料夾，按 Command + i 叫出資訊；點一下最下方的「共享與權限」。

2 點一下右下角的鎖頭圖示（打開），把「本人」的權限改為「只供寫入（投遞箱）」。這樣一來，資料就可以丟進去，但這個資料夾是打不開的；如果要檢視裡面的資料，要再重複一次上述的動作，並把權限改為「讀取和寫入」或「唯讀」即可。

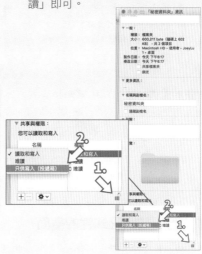

什麼時候適合用這個功能？

通常我會強烈建議各位把電腦設定密碼上鎖；因為在 Mac 裡，很多資訊都是透過預設的密碼來上鎖的，像是 Safari 的儲存密碼就是，如果你電腦沒有設定密碼，離開座位短短幾分鐘，所有機密資料就有可能被看光！但即使電腦上了鎖，有些資料你可能還會想要再增加一層保護，這時就可以用加密資料夾的功能；但不能快速地打開檢視其實蠻討厭的，因此建議用在「機密、但不常使用」的資料中。

Skill 2-11 強制放大螢幕畫面，展示給同事看最方便

大家在用 Mac 工作時，應該或多或少都有一種情境，那就是想要秀出螢幕上的文件、圖片等等，但把 Mac 轉過去給同事看時，又發現對方離得太遠看不到……。

這時很多人會選擇把文件裡的字放大，或是把圖片拉大，甚至乾脆拿著電腦走到旁邊給對方看。其實 Mac 有內建一個「強制放大」的功能，可以把整個螢幕的畫面都拉大，像是套上一個放大鏡一樣（當然，畫面清晰度會變差）；這功能平常用不到，但是在講課、小組討論要看螢幕畫面、展示東西給同事看時就相當方便了。

1 要先到「系統偏好設定」>「輔助使用」>「縮放」，點選「使用捲動手勢搭配變更鍵來縮放」；像右圖就是指按住 Control 後，滾動滑鼠滾輪（如果用觸控板的話，就是雙指向上 / 下），就可以放大全螢幕。

2 放大後的畫面，連鼠標也會一起放大喔。

🍎 雙指縮放，可以放大程式裡的畫面

像是預覽程式、iWork 文件、Photoshop 等等，也都支援雙指縮放的手勢，但就僅限於將程式裡的畫面放大，沒辦法像前面教的方法一樣把整個 macOS 介面都強制放大。但使用雙指手勢的好處是，放大的畫面會維持原始解析度，不會有鋸齒或模糊的現象（當然，也受限於原始檔案的解析度）。

兩種方法都可以用！像我要展示 Pages 的文字給別人看，就會用雙指縮放，但當我要解釋給別人說「點 Chrome 的這裡可以叫出選單」，就要用「強制放大」的功能，才能把瀏覽器的選項也一併放大。

MAC 超密技！
更換軟體圖示

如果我們不喜歡軟體原有的圖示，或者希望軟體的圖示便於自己辨識，能不能更換成自己想要的圖示？當然可以，而且非常簡單。

1　想要更換圖示，首先就要取得圖示。這邊推薦大家到「IconArchive」這個網站，它提供了各式各樣的應用程式圖示，大部分的圖示像素都很高，而且免費。

找到自己想要的圖示後，記得優先選擇下載「ICNS」這個類型的檔案，如果沒有 ICNS 類型的檔案，建議選擇下載 512px 以上的檔案，如果使用 512px 以下的檔案，在具有 Retina display 的 Mac 上可能會看到明顯的鋸齒狀。

2　取得圖示的 ICNS 檔後，我們就可以開始來換圖示了。

先將我們剛剛下載的 ICNS 檔用內建的「預覽程式」打開，這邊可以看到各種尺寸的圖示，將最大的圖示選取起來並按下「command ⌘ + C」來複製它，記得一定要選取完整，否則圖示在更換後可能會發生缺一角的現象。

3　接下來找到我們要更換圖示的應用程式，點選它並按下「Command ⌘ + i」來取得資訊。

4 在「取得資訊」視窗的左上角，可以看到應用
程式的縮圖，先點一下來選取。

5 這時候按一下「command ⌘ + V」貼上，軟
體的圖示就會更變為我們剛剛下載的圖示了。

6 如果是檔案夾要更換圖示，也可以用相
同的方法來更換，換完之後不論在哪裡
都會顯示我們自己所換上的圖示。

NOTE.

有一點需要注意的是：軟體在更新後，圖示會回復為原本的圖示，所以下載下來的圖示
可以先找一個地方存放它，如果圖示回復為原本的樣子，就馬上有圖示可換回來了。如
果想將圖示換回原來的樣式，只要在「取得資訊」視窗中，點一下左上角的縮圖並按下
「delete」就完成了。

MAC 超密技！
Mac 螢幕截圖全攻略

螢幕截圖有多重要？舉凡寫教學文、做報告、做簡報都會大量的用到螢幕截圖；而且 Mac 內建的截圖功能還可以保留特定視窗、帶有陰影，拿來做簡報時更好看。因為 Mac 的截圖可以自動另存成一個 png 檔，不用再開啟繪圖軟體貼上，因此當我看到一些喜歡的句子和有趣的網站，也會直接截圖下來改檔名備存，之後只需要用 Spotlight 就可以快速找到。

這個功能對我寫教學文時更是常用，以下就介紹 Mac 截圖的五種方法，五種都有適合的使用情境喔！

一、全螢幕截圖

按下「Command + Shift + 3」，就可以把整個螢幕畫面截下來。截下來的圖會以「螢幕截圖 2017-08-09……」的 png 圖檔儲存在桌面上。

二、區域局部截圖

按下「Command + Shift + 4」，就會出現一個圈選範圍，按住滑鼠在視窗上拖拉出想要擷取的範圍，手一放開就會聽到「喀嚓」一聲，截圖就會儲存在桌面上。截圖時的畫面如下。

可以發現游標這時還會出現（654、405）之類的數字，這代表你拖拉範圍的像素尺寸，我個人也很常用這功能來丈量網頁上的一些版位尺寸，把它拿來當量尺用。

三、帶陰影的視窗截圖

按下「Command + Shift + 4」，叫出區域
截圖後先不要按滑鼠，點一下空白鍵，就可
以看到各個視窗被反白。

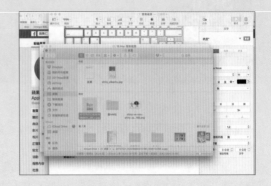

這時再點一下滑鼠，就會把反白的視窗連同
陰影一起截圖下來。因為這類截圖乾淨、帶
有陰影又比較美觀，因此寫教學文或作報告
時我都是用這種方法；你在本書中看到的教
學截圖，也大多是用這種方式。如果不想保
留陰影，只要在反白視窗後，按住 Option
鈕再點擊視窗即可。

四、區域截圖的進階操作

按下「Command + Shift + 4」叫出區域截圖工具，拖拉出你想要截圖的範圍，滑鼠不要放開，
此時如下圖操作。再按住 Shift 鍵繼續拖曳，可以固定選取範圍的長度或寬度。
若按住 Option 鍵繼續拖曳，可以以中心等比例擴大。

建議搭配 Dropbox 使用！

Dropbox 有一個功能，就是把原本會存在桌面的螢幕截圖自動丟到 Dropbox 的「螢幕截圖」資料夾內，這樣一來桌面就不會再有截圖的圖檔了。我個人現在就是這樣使用，有以下幾個好處：

(1) 所有裝置同步：
我在 MacBook Pro 上的截圖，透過 iMac、iPhone、iPad 也能同時讀取，而且是自動的。假設我現在正在寫一篇 iPhone 的 App 介紹文，需要用到大量的 iPhone + Mac 截圖。這時我只需要在 iPhone 上把 iPhone 截圖丟到 Dropbox App，就可以在 Mac 上存取。

(2) 方便分享：
Dropbox 自帶分享功能，假設我現在截了一張做報告用的圖片，只要在 Dropbox 資料夾裡的截圖上按右鍵，選「分享」，就可以把這個截圖的網址丟給其他組員。

(3) 備份：
Dropbox 有誤刪救援功能，如果誤刪了重要的截圖，再到 Dropbox 網頁版把它救回來即可。

(4) 維持桌面清爽：
因為工作關係，我一篇文章可能會用到十幾張截圖。桌面本來就已經有不少檔案了，再一次多個十幾張截圖實在是受不了。雖然透過一些進階的方式可以改變截圖存檔的路徑，但用了 Dropbox 以後，它自動就會丟到一個資料夾內，對於維持桌面整潔很有幫助。

如何設定 Dropbox 截圖功能呢？到官網下載安裝完軟體後，只要點一下頂部資訊列的 Dropbox 圖示，點齒輪圖示的按鈕。

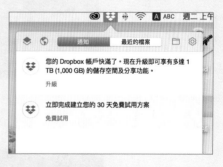

再到「匯入」，勾選「使用 Dropbox 分享螢幕截圖」即可。

MAC 超密技!
將 iPhone 畫面投影到 Mac 上!

(也支援螢幕錄影)

我因為蘋果仁網站的關係,偶爾會被邀請到一些門市或是企業內講課,教大家怎麼操作 iPhone,或是應用 iPhone 的 Apps;除了 Keynote 外,很多時候都需要將 iPhone 的螢幕畫面投影至螢幕上,一邊操作一邊錄影,事後還可將影片作為素材發給學員。

要把 iPhone 畫面投影到 Mac 螢幕上不需要下載任何軟體,只要用內建的 QuickTime Player 和一條傳輸線就可以做到!如果偶爾一時興起想要用 Mac 的大螢幕操作 iPhone,也可以利用這個方法達成。

 首先,先將 iPhone 接上電腦,打開 QuickTime Player,點選「檔案」>「新增影片錄製」。

2 之後會開啟電腦的前鏡頭;點一下錄影鍵旁的小三角形,在攝影機選 iPhone 的名字,在下圖就是「1joey」。

3 這樣一來 iPhone 的螢幕就被投影至 Mac 上了！按下錄影鍵，所有 iPhone 上的操作就會被錄下來；由於 iOS 上的 App Store 不允許螢幕錄影類的 App 上架，因此這是目前唯一正規的螢幕錄影方式。題外話，iOS 11 就內建支援螢幕錄影了，所以有這類需求的開發者、遊戲實況主、講師，可以升級 iOS 11 直接使用。

4 在錄影時，收音還是從 Mac 的麥克風，而非 iPhone 發出來的聲音。要錄製 iPhone 裡的聲音，再點一次小三角形，在「麥克風」選項裡選擇你的 iPhone 即可。

在 Mac 上要「剪下」，一樣是用與 Windows 類似的「Command ⌘＋ X」這組快速鍵，但這快速鍵只能用在剪下文字、圖片，要剪下檔案是不能這麼做的。

1 在 Mac 上要完成這類操作，你要先用「Command ⌘＋ C」複製一個檔案。

2 然後在目的地用「Option ＋ Command ＋ V」貼上檔案，這時原本的檔案就會消失了，意思跟「剪下貼上檔案」是一樣的！

如果經常要用到這個功能，請謹記： ● 剪下並貼上檔案 Option ＋ Command ＋ V 這組快速鍵！

CHAPTER 03

Finder
活用術

MAC 超密技！

先利其器，
Finder 的初始設定

Mac 上的資料夾統稱 Finder，這也是使用 Mac 最常用到的程式。所以掌握好 Finder 的使用技巧，無論是在工作歸檔、出國行程安排、寫書，或把各式報告整理好都非常實用，是所有用 Mac 的人都必須掌握到的技巧，也因為如此，光是 Finder 的實用技巧就足足用了一個章節來介紹。

Finder 的整理技巧可見之後的章節，我會分享作為一個經常多工操作的人，是如何把自己的檔案歸納整理好的。之後的每一節也都會分別解釋我是如何應用那些功能在工作上，畢竟學了前面那麼多快速鍵、操作技巧，工作節奏卻敗在整理檔案上就實在太不划算啦！但首先，工欲善其事必先利其器，一開始先教大家如何把 Finder 的顯示方式設定好，對於之後的整理術也很有幫助。

Finder 的初始設定

1 首先，在 Finder 的「顯示方式」選單中點選「顯示路徑列」、「顯示狀態列」、「顯示側邊欄」。

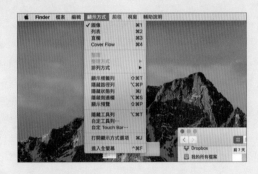

2 設定完成後的 Finder 如下，路徑、硬碟空間、項目數量都一目瞭然。以下圖為例，我一眼就可以看到現在是在「Dropbox」>「2017 Mac 新書」這個資料夾內；這個資料夾裡有 14 個檔案，扣掉書籍大綱那個檔案就是 13 個章節（暫定）；此外，我的硬碟裡還有 128GB 的容量，暫且不需要把檔案抓到外接硬碟內。所有的資訊這樣就一目了然了！

自訂工具列

1　看一下 Finder 的上方，有一排工具，這邊也是可以自訂的。在空白處按右鍵，選「自訂工具列」。

2　除了預設的工具之外，這邊也列出很多其他功能可以使用。因為我蠻常使用隨身硬碟的，每次要退出硬碟還要按右鍵、選退出、按確定，實在有點麻煩，所以這邊我把「退出」也新增到工具列上。只要把圖像拖曳到上方空白處，就可以把工具新增上去了；要移除也是一樣的做法，把圖示拉出來即可。如果怕看不懂圖示，在選單的「顯示」處，也可以調整為「圖像與文字」或「僅文字」。

自訂顯示方式

1　一些像是圖像大小、間距、背景等等，也都是可以自訂的。在 Finder 空白處按一下右鍵選「打開顯示方式選項」。

2 這邊就可以調整預設的圖示大小以及圖示間的間距；還有檔案名稱大小、標籤的位置、背景顏色等等……我是習慣原本的設定啦，但如果你對於這些小細節有特別偏好的話，Mac 也保留自訂的彈性給你。調整完之後，這些設定只會暫時套用在目前開啟的這個 Finder，要作為預設值的話別忘了點最下方的「作為預設值」按鈕。

3 在「顯示方式選項」中，還有一個「顯示項目資訊」的選項。打開之後就會顯示檔案大小／圖片大小／資料夾內的檔案數量等等。這些就是 Finder 的基本設定，一切準備就緒後，就可以開始我們的 Finder 檔案整理大法了！

MAC 超密技！
善用顏色標記，
幫不同檔案分類

這個功能非常好用，我也每天大量的在使用，那就是 Mac 的「顏色標記」功能。所謂顏色標記，就是可以為每一個檔案套上一個「顏色」的 Tag，而不用額外為這些檔案新增一個資料夾。舉例來說，我把「綠色」定義為「寫書專案」，裡面有備忘起來的截圖、筆記、正在寫的檔案、先前寫過可做為參考的 PDF 等等……雖然這些檔案散落在不同的資料夾，但我只要把它們都套上「綠色」的標籤，之後就可以一次叫出這些顏色的檔案，方便完成工作。

以下就介紹「顏色標記」的使用方式，還有我如何應用的方法。

如何使用顏色標記？

在任一文件、圖片等檔案上按右鍵，可以看到下方有一個「標記……」的選項，底下有七種顏色，按下去就可以為這個檔案標上顏色，也可以一次選取多個檔案一次套用。在 Finder 的側邊欄下方，點一下顏色，就可以看到所有被你套用那個顏色的檔案。把 Finder 裡的檔案直接拖曳到側邊欄的顏色標記中，也可以為那個檔案套用顏色標記。

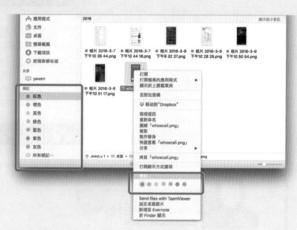

將標記重新命名

當然，你可能記不得紅色代表什麼、綠色又代表什麼；只要在顏色標記上按右鍵，選「重新命名_____」就可以為那個顏色命名。

為每個顏色都命名好，這樣是不是更有條理了？

顏色標記也可以拖曳到 Dock 上

假使你紅色的標記是「緊急工作」的
話，你可能會希望每次打開電腦都能提
醒你這些工作的存在。這時就可以把標
記從 Finder 側邊欄拖曳到 Dock（右側
資料夾）上，方便快速存取。

站長工作心得

我如何規劃每個顏色的意義？

那麼，我是怎麼為每個顏色分類的呢？其實太多分類也不好，因為東西一多就容易忽
略，在此分享我過去以及現在的兩套分類方式，我覺得各有其優缺點，各位也可以依照
自己的工作習慣來設定。

(1) 只有緊急、常用兩種分類（過去的方法）：

過去我只把紅色設定為緊急、橙色設定為「次緊急」，通常把紅色的工作處理到差不多
了，但還差一點點才能完成，可能要等別人的數據、或是補張圖就行了，已經不那麼緊
急的時候，我就會把它丟到橙色標記內，因此每次工作時，我只要注意有沒有把紅色標
記都清乾淨了就好。

第二個分類是常用，像是我經常要簽約或是提供身分證影本給別人，但這些資料我是存在「文件」>「蘋果仁」>「個人資料」>「身分證」裡面，每次都要打開 Finder 去找實在太麻煩，所以我就把它套用綠色的標記，當作常用文件，以後要提供給別人的時候直接點 Finder 側邊的綠色標記就好。

⑵ 分類得更詳細了（現在的方法）
隨著使用時間長，分類也變得越來越多，當然這都是在還有餘裕掌控的情況下，把我的顏色標記增加到了六個。

- **紅色：** 緊急任務，與前一個方法一樣，當前最緊急的任務我都套用上紅色標記，通常是當週要完成的工作，或是一直放在心頭的事情，我就會套用紅色標記並拖曳到 Dock 上。因為我發現「次緊急」的分類實在太少用到了，所以就捨棄了方法⑴的作法。

- **橙色：** 精選照片，我有段時間照片突然多了起來，三不五時就想要回味一下。因此我把眾多照片中特別喜歡的都套上橙色標記，偶爾想看的時候就點開來看一下，在挑照片時也只要按右鍵、套用橙色標記就好，不用離開照片資料夾，就可以一邊看一邊標記了。

- **黃色、綠色、藍色：** 各個獨立專案，寫書因為是當前最緊急的事，所以我套用了紅色標記。其他像是廠商 A 的開箱文、和網站 B 談合作要用的簡報跟合約……不同的專案我就套用不同的顏色，釐清自己的工作。

- **灰色：** 常用檔案，跟方法 ⑴ 一樣，像是身分證影本、勞報單範本、存摺影本、簽名的電子檔等等，我都套用灰色標記，因為這些檔案平常用不到，又散落在各處，需要的時候直接從 Finder 找標記就好了。

大家還記得前面教過的 Spotlight 嗎？為什麼我要找檔案時不用 Spotlight 搜尋，還要套用顏色標記呢？其實顏色最大的好處是讓你一目瞭然的看到所有相關連的檔案，同時它們又可以散落在各個本來就分類好的地方，不受影響。

舉個最簡單的例子好了，我的橙色標記代表的是精選照片，但這些照片有可能分別位於「家人合照」、「2012 歐洲自由行」、「第一次講座」等等資料夾中，如果把這些照片複製一份到精選資料夾，又會額外佔據我的硬碟空間，像是這種時候，善用顏色標記就非常方便，好找、檔案位置又不會改變。

MAC 超密技！

Skill 3-3

Finder 預覽術，
免開程式快速檢視檔案內容

當 Finder 裡同時有許多檔案時，只要透過本章教的方式就可以快速的預覽檔案內容，不用開啟程式，而且透過方向鍵就可以一一切換，快速在眾多檔案之間瀏覽！

1 打開 Finder，裡面有許多檔案，要怎麼找到自己適合的那個呢？首先，先點一下「有預覽圖」的檔案。

2 按下空白鍵，就可以開啟預覽了，文件的內容會以彈跳視窗的方式展現在你眼前。

3 這個視窗是「漂浮」在你選取的文件上的，所以如果此時按方向鍵，就會改變 Finder 裡選取的檔案，預覽內容也會跟著改變。所以要快速的在各個檔案間瀏覽，只要用方向鍵更改選取的檔案即可。

這功能在看簡報的時候非常方便，因為很多時候我們只需要閱讀簡報，不用編輯，所以不需要為了這個檔案開啟 Powerpoint 或 Keynote，只要在 Finder 上一點、按下空白鍵就可以了。我大量地使用這個預覽功能，像是在修圖的時候需要從一大堆螢幕截圖裡面找到正確的那一個，這時就會用「預覽功能＋方向鍵」快速地把圖片掃過一遍。另外像是本文提到的 PPT/Keynote，我也大多是用預覽功能來閱讀。

Finder 的搜尋功能與前面介紹的 Spotlight 有點不大一樣，它可以設定更多搜尋條件，像是「檔名符合＿＿＿」、「檔案大於＿ GB」等等，而且還可以把搜尋結果儲存起來，設立一個捷徑，以後只要有符合特定條件的檔案，都可以直接在那個資料夾中檢視。（其實也不是資料夾，只是搜尋結果而已，只是我認為這樣講比較好理解）

什麼意思呢？假設我設定一個「檔案大於 5GB」的資料夾，電腦中所有檔案大於 5GB 的資料都會顯示在內（是顯示在內，不是複製一份在內，所以不會額外佔用空間），透過這種智慧型資料夾的方式，就可以隨時隨地抓出肥大的檔案，幫助你適時清除節省空間。

另外，也可以設定一個叫做「在過去三天內編輯過的簡報」資料夾等等，可以依照自己的需求設定適合的智慧型資料夾！這邊就以這兩個例子做示範，教大家如何製作。

智慧型資料夾（例一）：列出大型檔案

1 首先，打開 Finder，並在右上角的搜尋列隨便打個什麼東西，就打「123」好了。

2 點一下 Finder 右上角的「+」圖示，可以新增搜尋規則。

3 這時就可在剛出現的搜尋條件中，選「檔案大小」、「大於」、「2GB」，這樣一來所有電腦中檔案大小大於 2GB 的檔案都會出現在這裡。但此時你會發現資料夾是空空如也的，那是因為右上角搜尋列中的「123」條件還在，所以現在的條件其實是「檔案內容有 123 又大於 2GB 的檔案」。

4 這時候只要把搜尋列中的 123 刪掉即可。這樣就是完整的，檔案大於 2GB 的搜尋結果了！

5 按一下右上角的「儲存」鈕，可以把這個搜尋結果設定為一個捷徑，命名時勾選「加入側邊欄」。

6 搜尋結果就會固定出現在 Finder 左側，當電腦空間不足時，就可以點一下這個搜尋結果，找出電腦內最肥的檔案！

🍎 智慧型資料夾(例二): 過去三天內編輯過的簡報檔

1 這個功能可以設定不只一個的搜尋條件,各個條件之間是「且」的關係,所以可以設定一個資料夾是「過去三天內編輯過」「且為」「PDF 檔」的智慧型資料夾。首先跟前面的教學一樣,設定一個「上次修改日期」為「在過去 3 天」的搜尋條件。

2 點一下搜尋條件列最右邊的「+」,可以再增加一個搜尋條件:第二個條件設定為「種類」為「簡報」,這樣一來就同時使用兩個搜尋條件了。

3 **新增更多分類條件**
預設已經有「上次修改日期」、「檔案大小」等等條件,但其實 Finder 有提供更多種藏起來的進階搜尋條件,點一下種類裡面的「其他」,就可以看到。

4 透過 Spotlight 可以快速搜尋檔案,但如資料很多,需要多個條件交叉比對的話,就可以用 Finder 的這個進階搜尋功能。如果這類條件經常用到,那也不妨把這搜尋結果儲存起來,隨時可以取用。

MAC 超密技!
批次命名檔案

要批次命名檔案有很多種做法,包括之後章節教的 Automator 機器人也可以辦到。但在這邊先教大家一個簡單的方法,可以快速在檔名間加上序號、取代文字、加入文字等等。

什麼時候會用到呢?像我在寫書或教學文的時候,經常會截了一大堆圖,在文字完成後,需要把這些圖一一上傳。這時如果能把檔名有條理的排列好,我就只要照著 1 號、2 號、3 號這樣的順序依序上傳就好,省去一個個檢查圖片的困擾。

1 以這篇開箱文為例子吧!用相機拍好的檔案檔名為「IMG_xxxx」的檔名,而且因為照片有挑過了,所以檔名也不一定是照流水號排列。

2 這時只要把我想要重新命名的檔案選取起來,按右鍵選「重新命名 xx 個項目」。

3 就有多種命名規則可以選擇，選單先選「取代文字」，再把檔名的「IMG」改成
「Picture」。

4 按下重新命名就完成了。

5 同理，也可以選擇「加入文字」在檔名的前面或後面加上文字，現在我在檔名前面加上
「G-Drive」。

6 現在檔名就變成「G-Drive_Picture_xxx」了。

7 至於要如何設定流水號,只要選「格式」、「名稱和索引」,自訂格式隨意輸入,後面再選擇流水號是要在「於名稱之後」或是之前,以及編號的起始位置。在界面的底部有一個範例的欄位,會顯示套用現在的命名規則會是怎樣的方式呈現,像現在,被我選取的這 12 個圖檔就會以「pic_1.JPG」的方式開始往後排序。

8 這樣子就把所有照片用流水號編排完畢了!

除流水號外,Finder 的重新命名格式也支援日期等格式,只是日期只能顯示為「2017-08-12 11.41.02 上午 xx」這種落落長的格式,如想控制更多的命名規則,就要祭出 Automator 機器人!這功能之後會介紹,可直接參考後面。善用這些小技巧就可讓自己的檔案更有條理,我通常會將圖檔用這方法一次命名好,並用此方式一次丟入資料夾。如果有特殊的情況,像是某些檔案特別緊急,但我又不想因為這樣打亂它們的命名,這時我就會用前面介紹的 Finder 的顏色標記功能。

大家每天應該都有將「各種檔案分類歸檔」的工作需求吧！這個乍看之下沒什麼好教的，就是多開一個空白資料夾，看到需要丟進去的檔案再拖曳進去就好了，這還能有什麼工作術可以用呢？答案是有的！

先以我自己工作碰到的情況為例吧，我現在為了測試一個硬碟的開箱文，資料夾內有大量外觀照、速度測試照片、分割教學等等……外觀照有些拍壞了，有些是可以用的，我要怎麼做才可以快速的把它們分門別類呢？

1 首先，這些圖示都太小了，我可以用右下角的滑桿把它們放大。

2 這樣一來就很清楚有哪些照片是可以用的了。前幾張截圖是分割硬碟的教學，把它們選起來後，按右鍵選「新增包含所選 10 個項目的檔案夾」。

3 這些檔案就會被丟進一個新增的資料夾裡了。而你從頭到尾沒有離開現在的這個資料夾，省去了在許多 Finder 之間切換來切換去的困擾。

4 因為現在圖示很大，所以我可以很清楚知道哪些照片是我要用的，一樣選好之後按右鍵新增資料夾。

5 這樣就可以快速將多個檔案分類了！

「把多個檔案分類」這件事其實就可以應用到先前的技巧，即使把圖片放大，我還是看不清楚照片有沒有完全對到焦。所以這時就可以用空白鍵叫出檔案預覽，清清楚楚的看到整張照片，確定無誤後，先用一個顏色把它標記起來，外觀 OK 的照片標綠色、測試沒問題的截圖標黃色等等。全都標記完成後，再用這篇的教學把綠色的標記新增到一個資料夾、黃色的新增到一個資料夾。每種方法都有很多種交互應用的方式，熟悉之後你的工作效率就能以乘法的方式加速。

在各個資料夾間移動檔案，這是個惱人又每天都會碰到的問題。這邊就教大家我的作法，以及如何加快速度！

1 大家都知道，把 A 資料拖移到 B 資料夾，就可以把資料「移動」過去。

2 但只要按住「Option」鍵不放再拖移，就可以看到檔案上多了一個「＋」的綠色圖示，這代表這檔案是被「複製」到新的資料夾內而非移動。

NOTE.

這個綠色的圖示在 Mac 中的任何地方都代表著「複製，原始檔案位置不變」，前面介紹過如何更換 App 的圖示也會見到。

---

3 按住「Option ＋拖曳＝複製」，這個動作也可以在同一個資料夾中進行；利用快速鍵 Command ⌘＋ D 也可以把原始檔案複製一份在現在的資料夾。

4 還記得前面教大家要如何在 Finder 開啟路徑列嗎？這有一個好處，就是你把資料拖曳到路徑列上的資料夾，也同樣可以把檔案移動過去。要把檔案移動到上一層目錄，透過路徑列就可以完成，不用再多開一個視窗了。

5 一樣，按住 Option 就是複製一份。

6 接下來是我最常用的方式，這個切換方法在前面也教過各位了。假設我有多個 Finder 一層一層的疊在一起，這時我只要先按著檔案不放，進入拖移模式，再透過「Command ⌘＋ ~」的快速鍵，在一層一層的 Finder 中切換。

7 找到正確的資料夾後，滑鼠放開，資料就移動過去了。

MAC 超密技!

AirDrop：最快最方便的
跨裝置交換檔案方式

當你有一個檔案需要從 iPhone 丟到 Mac，或是 Mac 間要彼此交換的話，有很多種做法；你可以用寄的、可以用 Dropbox、可以用隨身碟，但最方便的方法其實就是用 Mac/iOS 裝置內建的 AirDrop，不僅速度快，而且甚至不用網路，無論是檔案、照片或是通訊錄、備忘錄等等都可以傳送。

使用 AirDrop 的條件

只要 Mac 及 iPhone 都有「開啟 Wi-Fi 及藍牙」就可以使用 AirDrop，意思就是，不用連上同一個 Wi-Fi，甚至不需要連上網路。即使在完全沒有訊號的狀態下，只要有將 Wi-Fi 和藍牙開啟，就可以在不同裝置間交換檔案。Mac 的 Wi-Fi 及藍牙可以在頂端資訊列上開啟，iOS 裝置可以由螢幕下方往上拉，從控制中心來開啟。

除了開啟 Wi-Fi 及藍牙外，對方也必須要允許你透過 AirDrop 找到它才行，AirDrop 有「允許所有人」、「僅允許聯絡人」、「不允許任何人」三種模式。

如何在 Mac 使用 AirDrop

1 在 Finder 的左邊欄，有一個「AirDrop」的欄位，點下去之後，就會顯示附近有開啟 AirDrop 的用戶。

2 將檔案直接拖曳到人像的圖示上即可傳送。

如何透過 AirDrop 接收檔案

1 當有人以 AirDrop 傳送資料給你時，會收到通知如下。

2 如果接收檔案的當下也開啟著 AirDrop 的 Finder，則可以選擇直接開啟。透過 AirDrop 收到的檔案，會被自動存在「下載項目」裡面。

AirDrop 找不到另一台電腦嗎？嘗試看看這個模式

AirDrop 最早是透過 Wi-Fi 互相尋找機器的，但在 OS X Yosemite 之後改為先透過藍芽互相確定裝置，再透過 Wi-Fi 來傳輸檔案。如果接收端的機器是 2012 年以前的 Mac 機種，在 Finder 裡的 AirDrop 是找不到的。

1 這時要點「看不到您要尋找的對象嗎？」並點「搜尋較舊的 Mac」。

2 此時就可以找到舊款的 Mac，但新款的 Mac 就會在選單中消失。

3 如果還是找不到，請確定：
- 對方是否有開啟 Wi-FI 及藍牙，並且是允許你找到他的 AirDrop 的。
- Mac 必須是 OS X Yosemite 以上、iOS 裝置需要是 iOS 7 以上。
- iOS 裝置需要關閉個人熱點。
- Mac 必須關閉「系統偏好設定」>「安全性與隱私」>「防火牆」>「防火牆選項」>「阻斷所有傳入連線」。

MAC 超密技！
用「整理」與「排列」
維持檔案的秩序！

你的資料夾裡面總是雜亂不堪嗎？有些人習慣用列表的方式打開 Finder，這樣只要為檔案命名時取得好，就自然沒有排序雜亂的問題。但我個人習慣用預設的圖像排列，這樣就可以隨意的改變資料夾的位置，為什麼我習慣這麼做呢？最主要的原因，就是我通常會把資料夾規劃成好幾個區塊，左邊放某些檔案、右邊放某些資料等等（可以參考「我是如何為檔案命名、整理的？」章節）。

1 但這樣一來，很多時候檔案就會亂成一團，像右圖。

2 要讓檔案回復秩序也很簡單，在 Finder 空白處按右鍵，點「整理」。所有的檔案就會回到離自己最近的位置上。

3 回到位置上只是看起來清爽，你同樣可以自由的改變每個檔案的位置。

4 至於整理後要如何排序，也可以在右鍵選單的「整理方式」中選擇，假使我選「修改日期」。

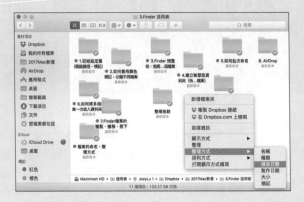

5 檔案就會依照修改日期排序，在這狀態下，一樣可以隨意移動檔案位置。

◢「整理」與「排列」的不同

眼尖的讀者應該發現了，在右鍵選單中還有一個「排列方式」的按鈕。排列方式與整理最大的差異，就是「排列」會讓檔案永遠依照規則排序。假使你現在使用的「排列規則」是依照檔案的「修改日期」，那麼當你更動了 Finder 裡的某一個檔案，改完後它就會自動跑到資料夾的最前面！因為這個 Finder 現在是照著修改日期做排列的，而所有的檔案都會依循這個規則。

 像現在，我的檔案是沒有排列規則的，所以可以任意的移動檔案位置，但當我改成「修改日期」之後……

2 所有的檔案就會依序排列了，這時就沒辦法任意移動，除非再把規則改為「無」。

3 像是我的「雜物堆」資料夾裡面什麼東西都有，這時我就可以用「種類」來排序。

4 這樣一來，檔案夾會被分在一起、文件會被分類在一起、影像會被分類在一起，要查找就容易多了。

那麼，什麼時候要用「整理」，什麼時候又要用「排列」呢？由於我個人已經養成了自己手動調整檔案位置的習慣，如果位置大亂對我會造成困擾，所以向來極少使用排列，只使用整理的。當然，這個習慣不一定適用於每個人，如果你經常希望一打開某個 Finder 就顯示最新處理過的檔案，那就可以用「修改日期」，如果你想要打開 Finder 就顯示最新丟進去的檔案，就可以用「加入日期」去排列，做法很多，就看各位能不能善用工具，打造一個有條有理的資料夾囉！

我的檔案命名、整理法

看完本章，應該也學會了不少整理檔案的「技術」，但即便有了這些技能，要讓所有的檔案有條有理，最終還是要回歸到使用者自己的操作習慣上。以下就介紹我自己的檔案整理方式供大家參考，有好的習慣，加上熟練的技術，才能實現最高效率的工作法！

依照專案建立資料夾

以我為例，手上的專案分別有「蘋果仁」、「粉絲團代操」、「正職工作」、「子網站運營」約四五個；每個專案底下又有很多子專案，子專案裡面可能又有很多素材。我的作法是，盡可能的用資料夾去分類，所以會有「蘋果仁」>「2017」>「A 廠商開箱文」>「照片素材」>「已修照片」這樣一層一層的分類。這時你可能會想，這樣找資料不會很麻煩嗎？這時就可以參考我的工作流程。

建立自己習慣的工作流程

設定一層層的資料夾除了方便日後檢索外，一部分原因也是方便一次將整個資料夾抓給其他同事；因為我自己是習慣任何檔案都用 Spotlight 搜尋，所以即使檔案都亂丟也不怕找不到檔案（當然這不是很好的習慣就是了），但資料夾越多層，每次工作時都要一層一層的開啟確實不大有效率。所以我基本上只有結案的工作才會歸檔，整個流程如下：

1. 新專案開始，在桌面建立一個「專案 A」的資料夾
2. 專案 A 經常會用到的素材，先開啟放在桌面上。因此桌面在工作狀態中經常會很亂，但我認為這是可以接受的，因為經常要用的檔案要放在越容易取得的地方越好。
3. 素材使用完畢後，再丟到資料夾歸檔。這個步驟要確實執行！因為這樣一來桌面雖然亂，但其實都是會使用到的檔案，不會有用不到的垃圾佔據空間，這是管理桌面很重要的一環，雖然亂，但亂中有序。
4. 專案 A 完全結束後，再丟到「蘋果仁」>「2017」>「專案 A」的資料夾正式歸檔。
5. 把跟專案 A 有關的顏色標記取消。

這套工作流程有幾個重點，即使大家的順序跟做法跟我不同，也建議都要遵循這些原則：

1. **桌面可以亂沒關係，但不要有「垃圾文件」。**最好桌面上的文件都是經常要用到的，確定再也不會用到之後必須歸檔。
2. **依照專案分類，不要依照檔案類型分類。**假設專案 A 與專案 B 都會用到大量的向量圖檔，我建議把專案 A 會用到的圖檔放在專案 A 的資料夾、專案 B 會用到的圖檔就放在專案 B 的資料夾，不要新增一個資料夾來放所有的圖檔。

   為什麼？因為當你要找「某張圖片」時，通常思維會是「我想要找某某篇文章裡面的圖片」，因此你的思路就可以跟著資料夾的路徑，先打開專案 A 的資料夾，再從中找圖片，而不是在一大堆圖檔中搜尋。

   如果你的工作是經常需要「一次看到所有用過的圖片」，那該怎麼辦呢？很簡單，建立一個顏

色標記，把專案裡的圖片歸檔時全部標記一個顏色即可！

3. **務必定期檢查顏色標記。** 顏色標記很好用，但如果沒有定期管理，就失去了分類的作用。像是「紅色」標記如果定義為緊急任務，但任務完成後卻沒有取消，那麼哪天當你想看有哪些應辦而未辦的工作時，滿滿的紅色標記讓你也無從下手。

檔案的命名規則

大家應該都有一套自習慣的命名規則，這邊分享我的作法。首先，我的檔名一定會有該專案的名稱。假使我在幫一個叫「CallCar」的 App 經營粉絲團，關於 CallCar 的每張圖我都會命名為「callcar0701.ai」、「callcar0702.ai」、「callcar 活動注意事項 .pages」等等。

這麼做的原因，就是為了方便 Spotlight 搜尋！前面提過，我其實是很少從一層層的資料夾去挖檔案出來的，而是大量的使用 Spotlight 來找檔案。因此檔名一定要有專案名稱、日期，方便我搜尋的時候可以直接精準的找到，方便用 Spotlight 搜尋。

所以假使我正在做「A 企業簡報」，裡面的圖檔我會命名為「A 企業簡報圖 01」、「A 企業簡報圖 02」，而非一般人用的「圖片 01」、「圖片 02」。當然，這些細節的命名工作都是歸檔才要做的事，在專案進行當中，只要能夠快速命名、快速找到需要的檔案就好。不然工作中把時間都花在這些事情上面，注意力很容易被分散。批次命名的方法，前面的章節已經有介紹過了，其實在歸檔時做這件事也不會花太多時間。

桌面空間有限，把最重要的事情留在上面

桌面是最容易吸引注意力的地方，是個「寸土寸金」的地方，因此要很謹慎地規劃使用。像我個人只會在桌面放資料夾，文件或是圖檔被丟在桌面上，我都會很警覺，因為那代表還沒完成的工作，一旦完成了就會恨不得快點把它移開好維持桌面的乾淨，下圖是我現在的桌面：

可以看到我的桌面分為兩塊，右邊是進行中的專案，或是經常會使用的資料夾。左側則是經常會使用的檔案，或是緊急的文件等等。這邊我有幾個桌面規劃的建議給大家：

1. 把桌面分為左、中、右三個區塊。一邊放文件、一邊是臨時要處理事情時使用、一邊放資料夾。
2. 建立一個「雜物堆」的資料夾。有些不重要，卻又不知道怎麼歸檔的東西（像是朋友傳的有趣文章），檔名取一個自己之後搜尋得到的名字，就直接丟到雜物堆裡面。之後要找檔案時只要用 Spotlight 搜尋名稱就好，不用去雜物堆裡面翻找。「雜物堆」資料夾裡的內容，最好是誤刪了也不心疼的那種。像我的雜物堆有過期的文件、參考用的漂亮背景、一些不重要的小文章等等。

3. 設立一個「Projects」資料夾，裡面放不容易分類的專案，不一定跟工作相關。像是簽證的申請文件啊、答應幫朋友剪的影片啊、一時興起的 idea 等等。
4. 其他在桌面上的資料夾，都是經常會開啟的重要日常工作。

其實桌面怎麼規劃、檔名怎麼取、資料夾路徑經怎麼安排，都是自己想好就好了。我適用的習慣不見得適用於你，重點是要「有條理」、「有思考過」的安排，相信我，讓所有的檔案能夠快速的被找到，對於工作非常有幫助！

範例：假設我要做一份簡報

來舉個例吧！有次我要做一份教大家如何使用 iPhone 的講座簡報，我的作法是：
1. 在桌面建立一個「XXX 講座」資料夾
2. 開始思考這份簡報會用到的資料，我想套用之前去 M 公司簡報時用的樣板、做 C 粉絲團時用過的某張圖示，以及蘋果仁 2016 出版過的書。
3. 用 Spotlight 搜尋「M 公司簡報」、「callcar0501.ai」、「2016 出書文件」，因為先前就已經有計畫地命名了，因此找到這些檔案不過是幾秒鐘的事。
4. 把會用到的資料「複製一份」到桌面上的講座資料夾。
5. 開始製作簡報，過程中要修的圖、要用的截圖都是丟在桌面。一些網路上找到的靈感也先放在桌面，參考完之後丟到雜物堆。
6. 簡報完成，把用不到的舊檔案刪除，新的檔案重新命名之後歸檔、取消顏色標記。

這樣工作是不是有條不紊呢！希望大家也都能建立好專屬自己的工作習慣，本書教到的方法才能發會更大的作用！

本書看到這裡，你應該已經發現我是個快速鍵愛好者了，既然 Finder 是使用 Mac 工作時最常用到的程式之一，那麼學會如何使用快速鍵自然可以大大地提高工作效率。以下是我在工作中經常使用到的快速鍵，前幾個都是非常實用，強烈建議大家背起來的方法，記得，速度越快、工作效率越高，那麼我們就開始吧！

要背起來的 Finder 快速鍵

Command + N：
開新 Finder 視窗

要迅速地再次開啟另一個 Finder 視窗，只要按下 Command + N 即可。這功能在其他程式中代表「開新檔案」，在 Finder 中代表「開新視窗」。

Command + T：
開新 Finder 分頁

Command + T 在瀏覽器上代表「開新分頁」，在 Finder 中也是如此！你可以維持著一個 Finder 視窗，但在裡面同時開啟多個分頁。假使你習慣在一個 Finder 視窗中開啟所有工作會用到的資料夾，但不想要一堆視窗疊在一起，這個功能就可以幫助你維持視窗的整潔。

在多視窗或 Finder 的多分頁模式中，按下 Command + W 就可以關閉當前視窗或當前分頁。

Command + F：
在 Finder 中開啟 Spotlight 搜尋

前面的章節有教過 Finder 的搜尋大法，要快速進入搜尋模式，只要用 Command + f 即可。這功能在找檔案時非常常用，所以建議各位要背起來。

Shift + Command + N：
開新資料夾

Command + N 是「開新視窗」，多按著 Shift 就變成開一個新的資料夾，很好記。

檔案上按 Return 鍵：
重新命名檔案

這個功能極為常用！因為我在手動一次改多個檔名時，只要按下「Return」（也就是 Enter）鍵，就可以直接重新命名，改完之後再按一下，然後用方向鍵到另一個檔案再命名一次。

Enter 鍵在 Windows 上是直接開啟檔案的意思，但在 Mac 上是改檔案名稱的意思；若要用快速鍵直接開啟檔案，要用「Command + ⬇」。

Command + [：前往上一頁
Command +]：前往下一頁

如果你像我一樣經常把檔案收在很深的資料夾中，用這個快速鍵就可以迅速地在多層資料夾中穿梭。

Command ＋按兩下資料夾：
在新分頁開啟資料夾
跟瀏覽器類似，如果你要開啟某個資料夾，又想要保留現在正開啟的這個，那就可以用 Command ＋按兩下，直接在新分頁中開啟。這功能在瀏覽器中是「於新分頁開啟網頁」，同樣是個很常用的功能，背起來在兩個地方都能應用！

按住 Option 拖移檔案：
複製一份檔案
要把檔案複製到其他資料夾或是現在正開啟的資料夾，只要按住 Option 鍵不放並一邊拖移檔案，就會看到圖像上出現一個綠色的「＋」號。前面已經提過，這個符號代表「複製」的意思，所以可以直接一邊拖移一邊複製。

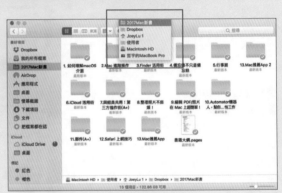

Command ＋頂端的資料夾圖示：
顯示路徑列表
本章的第一節已經教大家要開啟 Finder 的路徑列了，但如果你習慣從其他地方切換到上層路徑的話，按住 Command ＋頂端圖示也可以達到同樣的效果。

快速找到某個名稱的檔案
假使你在應用程式資料夾中，要找到 M 開頭的檔案，只要隨便點任何一個圖示並按下鍵盤的「M」即可。但如果你要找的是圖中的「Movavi……」程式，只要快速地打「Mo」，就會直接跳到這個程式上。

Command + i：
顯示檔案資訊

要看某個檔案的容量、修改日期、開啟的應用程式等，除了點右鍵選「取得資訊」以外，也可以用 Command + i 這個快速鍵。

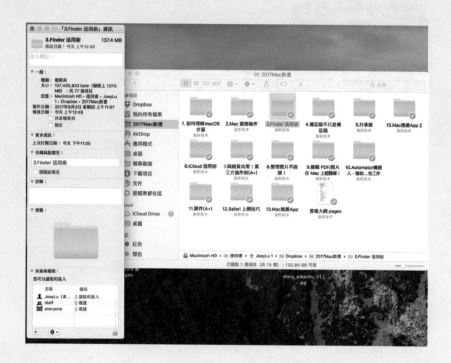

Command + Control + N：
把所選檔案加到一個新資料夾

這功能在前面的章節有提過，但我建議用快速鍵操作更為快速！在整理雜亂的檔案時，先用「Command +點一下」選取多個檔案，再用 Command + Control + N 把它們通通丟到同一個資料夾，然後再重複這個步驟，不用多久，所有檔案就被你分類完畢了。

當然 Finder 還有很多其他快速鍵，但我個人最常用的就是上面這些了；其他功能大多不常用到，或是用滑鼠操作更快，這邊就不再浪費篇幅介紹，各位可以直接到官方網站的 Mac 鍵盤快速鍵查詢：https://support.apple.com/zh-tw/HT201236

CHAPTER 04

備忘錄
不只是備忘錄

MAC 超密技！
備忘錄，輕量但強大的文書軟體

講到文書軟體，大部分人應該會立刻想到 Word 或是 Pages 之類的編輯器，跟雲端整合的話，也還有 Evernote、Bear 可以使用；但本篇要介紹的，幾乎是我最常用的內建軟體「備忘錄」！別誤會，我並非什麼東西都一定要用蘋果內建的，而是備忘錄真的輕便好用。它功能簡單、輕量，但基本的應用都可以完成；你可以上鎖、可以分類、可以協作，而且最重要的是，它居然可以插入附件！把備忘錄當作第二個 Finder 來使用也沒問題。

輕量化的好處是，你隨時要速記個什麼東西，打開備忘錄就直接可以使用；沒有版型、不用等軟體 Loading，畢竟速度就是生產力的一切，好好善用備忘錄，你會發現它不比功能強大的其他軟體還差。

更方便的是，備忘錄同時身為 macOS 以及 iOS 的內建軟體，透過 iCloud 就可以讓兩台裝置之間的資料無縫同步。意思就是，你在 Mac 上打了一串筆記，走在路上想要查看時，只要把 iPhone 拿出來看就好了，兩邊資料是隨時更新同步的。

像是筆記這種東西，非常適合拿來快速的當作會議紀錄、靈感紀錄等等；我也習慣創建一個與組員共用的備忘錄，誰想到什麼靈感就直接記在上面，大家都看得到，作為小組共同維護的一個小筆記本也相當合適！

備忘錄介面介紹

打開備忘錄，很直覺地就可以看到左側的選單、中間的內容區域以及上方的編輯區。

最左邊有你 iCloud 上的備忘錄，或是與 Google 同步的備忘錄（後面有章節特別介紹），上方的工具有檔案、刪除、新增文件、上鎖（支援 Touch ID）等等，更新版的備忘錄還支援表格。

自訂專屬工具列

與所有 Apple 內建的軟體相似，在頂端空白處按一下右鍵，就可以選「自訂工具列」；其實備忘錄功能不多，全部放進去也都沒問題。

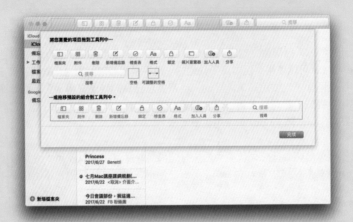

文字編輯教學

1 把字反白，點一下工具列的「Aa」可以更改文字的格式，像是大標題、標題、項目符號等等。

2 但看到這裡，你應該會有點手足無措地發現……怎麼沒有調整字型的地方？要更改文字的大小、顏色有點迂迴，要先「反白要更改的文字」，然後按「Command ⌘＋T」。這邊就可以更改字體、文字大小、顏色等等。

3 如果單純覺得預設的文字太小，可以到「備忘錄」>「偏好設定」（或是用 ⌘＋,）更改預設的文字大小、排序方式等等。在「新備忘錄開頭格式」可以設定當你開啟一個新備忘錄時，內文的開頭要不要是標題。

4 備忘錄拿來當待辦事項清單也很方便；點一下工具列的勾勾圖示就可以新增待辦事項。

5 反白後再點清單按鈕就可以一次套用每個段落變成待辦事項清單；點一下旁邊即可勾選。

6 當然，最好用的方式是在電腦上把要做的事情、要買的東西列好，然後讓它自動同步到 iPhone 上！透過 iCloud 同步就也不用煩惱怎麼把這些資訊放到手機內了，關於同步教學可以見後面的章節。

要在備忘錄上加入圖片，直接把照片拖曳進去即可。在 Mac 上，很多操作都可以用直覺地拖拉來完成。

7 拖曳進去的圖片還可以直接編輯，點一下右上角的三角形，選「標示」，就可以在圖上寫字、裁切、圈選……跟預覽程式裡的編輯模式很像！（關於預覽模式裡的編輯模式，請參考本書之後的章節）

備忘錄如何分類

1 如果你有各種不同的事項要記錄，最好是把備忘錄分類清楚。點一下左上角的清單鈕叫出側邊欄後，再點一下底下的「新增檔案夾」。

2 藉由拖拉側邊欄中的各個分類，就可以在資料夾下方再創建一個子資料夾。

3 在資料夾內新增備忘錄，就會自動被分類在那個資料夾內，或者用拖移的方式也可以。

將機密資料鎖住！

1 備忘錄也支援密碼鎖定功能，在新款的 MacBook Pro 裡甚至支援 Touch ID 指紋辨識；進入一個想要鎖定的備忘錄後，點上方鎖頭並選「鎖定此備忘錄」。

2 之後會問你鎖定的密碼。如果你的機器是支援 Touch ID 的 iPhone 或 Mac，也可以用指紋解鎖（但一樣要先設定密碼就是了）

3 這時備忘錄旁邊會有一個鎖頭的符號，此時備忘錄還在編輯狀態，還沒上鎖喔！

4 要把該備忘錄上鎖，直接點清單裡的鎖頭圖示即可；點一下工具列上的上鎖功能，選「關閉所有鎖定的備忘錄」，就可以把全部有設定密碼的備忘錄鎖起來。

🍎 在備忘錄插入附件

透過拖曳的方式，可以直接在備忘錄內
插入各種文件，有點類似 Email 裡附件
的概念，直接將檔案拖曳進去即可，關
於這裡的應用可以參考後面的「讓備忘
錄成為裝置間的檔案交換中心」一文。

🍎 在備忘錄插入地圖

1 假使你正在用備忘錄編輯一
份旅行規劃，想要把某個景
點的位置直接加入。這時可
以點 Mac 或 iPhone 地圖裡
面的「分享鈕」，並把這個
特定地址分享到備忘錄中。

2 這樣就可以把地圖加入了，搭配前面提到的各種功能，就可以做出旅行規劃、更多資訊
的待辦事項等等。

把網址加入備忘錄，變成進階版書籤

大部分人都喜歡把網頁加到瀏覽器的書籤，但在某些時刻，我反而偏好使用備忘錄做這件事；像是我把想要合作的網站通通加到備忘錄內，同時還可以為這些網站註記；又或者我正在規劃旅行，可以把我看到的食記、遊記加到備忘錄內，並標示出哪些景點是可以去的，去哪些地方要先準備什麼東西等等。

1 在 Safari 的分享鈕上，可以找到「備忘錄」。

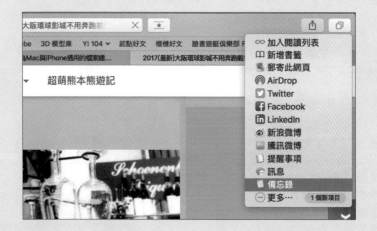

2 這樣就可以把網址加到備忘錄中囉！

MAC 超密技！
讓各個裝置間的備忘錄無縫同步

在前面的章節有提到，隨時同步的功能讓 iCloud 的實用性大增，光是我個人會用到的情境就有：搭捷運時想到一個寫文靈感，立刻用 iPhone 把它記下來，到辦公室時打開電腦，那份文件就已經出現在 Mac 裡的備忘錄了；或者是在家裡先把要買的東西用待辦事項功能列好，到了超商再把手機拿出來對照，這過程都不用考慮如何把資料從 iPhone 丟到 Mac，或是從 Mac 丟到 iPhone。

在後面一章我們會講到把備忘錄作為檔案管理工具來使用，這也同時可以應用在「iPhone ↔ Mac」間的資料交換，有點類似進階版的 AirDrop 的感覺。

但首先，我們先來看如何讓 macOS 的備忘錄與 iOS 的備忘錄同步吧！

1 首先打開備忘錄，按下「Command + ,」叫出備忘錄的偏好設定，把「預設帳號」改為 iCloud；這樣一來你每次新增一個備忘錄時都會透過這個 iCloud 帳號同步。

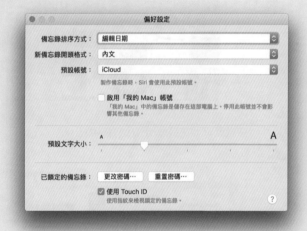

2 到 Mac 的「系統偏好設定」>「iCloud」，把「備忘錄」勾選起來。

3 打開 iPhone 或其他裝置，到「設定」>點「頂端的 Apple ID」>「iCloud」，把「備忘錄」打開，兩邊都設定無誤後，這兩台裝置的備忘錄就會開始並隨時保持同步了。

4 打開 iPhone 的備忘錄，在 iCloud 上點「iCloud 上的所有備忘錄」，就可以看到剛剛在 Mac 新增的那份文件囉！

前一章教大家如何讓 iPhone 及 Mac 隨時同步備忘錄裡的內容，那又怎麼跟檔案交換中心有關呢？試想一下，假使你現在想要把一個 Pages 文件丟到 iPhone 上，方便在搭車的時候閱讀，這時有哪些作法？你可以用 Goodreader、Document 5 等第三方 App，或是乾脆用 FTP、把檔案傳到 Facebook 社團裡等等……但其實，透過備忘錄很快就可以無縫把檔案丟過去，而且還可以添加敘述、筆記等等。

1 來舉個例子吧，我在本書撰寫完前三節的時候覺得有些不滿意，想要在搭捷運的時候用手機順一下稿。這時我只要把 Pages 文件拖曳到備忘錄中。

2 同時還可以在多個文件之間加上註解。光是這件事，透過其他第三方檔案傳輸軟體就辦不到了。備忘錄除了可以夾帶多個文件、在文件「之間」做一些筆記以外，還可以透過前面章節教的方式把這份備忘錄上鎖，甚至是與組員共用（在後面章節會有介紹）。

3 現在，已經把檔案丟進 Mac 的備忘錄了，此時把 iPhone 內的備忘錄打開。在 iPhone 上也可以查看這些 Pages 文件了！如果臨時有靈感，也可以透過 iPhone 直接記錄在這份備忘錄裡。

4 點一下 iOS 備忘錄裡的 Pages 檔案，可以直接開啟預覽，如果想要編輯也可以拷貝一份到 iOS 的 Pages App。

5 潤稿過後沒問題，在 iPhone 上註記一下，回到家中打開 Mac 的備忘錄，就可以看到透過 iPhone 記下的訊息。

簡單來說，透過這個方法可以讓備忘錄成為一個類似 AirDrop、FTP 一般的存在，不僅如此，還可以在各個檔案之間做筆記、加上待辦事項等等，這點可是其他檔案交換服務辦不到的。這功能搭配組員協作更為強大，大家可以把一份報告先丟上去，然後組員們在報告底下補充資料、寫註解，所有人都可以看得到。應該沒有想到，一個簡單的備忘錄居然也可以作為檔案交換中心使用吧！

CHAPTER 05

行事曆

Skill 5-1

MAC 超密技！
善用顏色分類整理行程

行事曆也像 Finder 一樣，可以用顏色對不同行程做分類，如果做好分類，除了可以快速的找到行程之外，也可以避免行事曆變得雜亂無章。

當我們在工作時，就可以只將工作相關的行事曆打開，這樣就可以清楚地了解接下來要幹嘛，也不怕將不同的工作行程搞混。

🍎 如何新增行事曆分類

1 進入行事曆後，在側邊欄空白處按一下右鍵，選擇「新增行事曆」就可以新增行事曆的分類了。

2 新增後可以對這個分類進行命名。

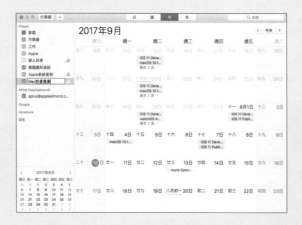

3 在行事曆分類的選項上按一下右鍵，可以編輯這個分類的顏色，還可以選擇要共享行事曆的對象，不過本節重點在於顏色分類的使用，在後面的章節中會再向大家提到共享行事曆的部分。行事曆可以選擇的顏色比 Finder 自由，選擇「自訂顏色」可以自行調色。

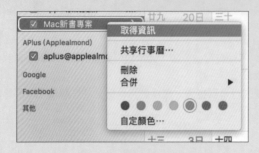

開啟關閉分類顯示

在側邊欄中，可以看到所以有行事曆的分類，在每個分類的最左邊都有一個框框，框框內有打勾的就是有顯示的分類，點一下就可以關閉那個分類在行事曆上的顯示，關閉部分的分類顯示有助於我們專注於現在該做的行程，不怕被其他分類的行程所影響。

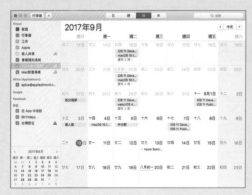

 開啟分類示意圖

 關閉分類示意圖

內建的行事曆非常單純，除了日期以外沒有其他的東西了，所有的行程、工作都要靠大家自己手動加入；但對於「國定假日」等事先早就知道日期的事件來說，蘋果也有提供訂閱的服務，只要透過本章的教學，就可以直接將日期匯入，事先規劃好你的假期！

1 首先，到蘋果仁網站的這篇文章（https://applealmond.com/posts/5079），並點文中的「2018 人事行政局國定假日行事曆，點此訂閱」。

2 跳出確定視窗，點「允許」。

3 此時就會打開 Mac 裡的行事曆軟體，按下「訂閱」，確定將此行事曆匯入。

4 這份行事曆之後將會以「2018 台灣國定假日」的名稱出現在行事曆裡，也可以在這邊改名，確定之後點「好」。

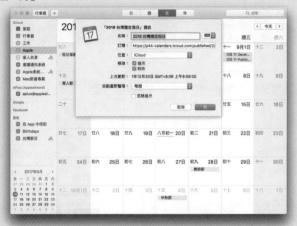

5 若訂閱成功，就會看到側邊欄多了一個「2018 台灣國定假日」。

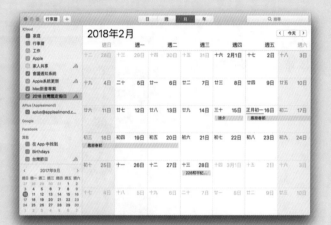

6 這樣就完成囉！

CHAPTER 06

iCloud
活用術

MAC 超密技！
iCloud 活用術

(延續各種功能的雲端服務)

說到 iCloud 是什麼，很多人其實第一時間會感到非常疑惑，因為 iCloud 的功能實在太多了！首先，它可以作為雲端服務來使用，類似 Dropbox、Google Drive 這樣作為你的雲端硬碟（請見後面 iCloud Drive 章節），再來，它也可以作為備份服務來使用，無縫轉移新舊 iPhone 的資料。要讓不同裝置間的「相簿」保持同步狀態（像是在 iPhone 上拍了一張照片，iPad 上也會同時顯示出那張照片），也要透過 iCloud 來達成、在組員間要協作編輯同一份檔案，也同樣是透過 iCloud。

由於太多服務都是透過 iCloud 來完成的，因此本章將一個一個把 iCloud 能辦到的事情列出來，清楚地讓你知道到底這個服務能辦到哪些事情，首先，就先來看看如何設定吧。

🍎 在 Mac 上設定 iCloud 能使用的項目

到「系統偏好設定」>「iCloud」，可以看到琳瑯滿目的服務，包括 iCloud Drive、照片、Safari、鑰匙圈等等。建議先把各種功能都開啟，閱讀之後章節若有用不到的再回來關閉即可。

點一下底下的「管理」，可以看到現在 iCloud 空間的使用情形。

點一下右上角的「更改儲存空間方案」可以加價購買更多容量。

在 iPhone 上設定 iCloud

由於 iCloud 上很多功能都是串連起 Mac 與 iPhone，因此當 Mac 開啟完要透過 iCloud 串連的項目後，iPhone 那邊也要確定有同步開啟。到 iPhone 的「設定」>頂端的個人帳號>「iCloud」

在裡面把要跟 Mac 同步、串連的資料都打開，這樣這兩台裝置就可以透過 iCloud 連動了。

iCloud 也有網頁版

除了 iOS/macOS 可以透過 iCloud 取用資料外，當你人在外面沒有任何裝置時，也可以透過 iCloud 網頁版查詢上面的資料，包括 iCloud Drive 裡的檔案、備忘錄裡的筆記等等。

進入 icloud.com 並登入 Apple ID 後，可以見到下圖畫面。

下圖是以 iCloud Drive 做範例，可以看到儲存在上面的資料。

可以看到光是在 iCloud Drive 裡，就有「iWork 系列軟體的檔案」、「第三方軟體的檔案」、「自己手動丟進去的檔案」甚至還有「桌面」、「文件」等等。關於 iCloud Drive 的教學，後面有更詳盡的章節做說明。由於 iCloud 貫穿太多 Mac/iPhone 間的服務，因此在本書的「協作」、「共享」等其他章節也可以見到 iCloud 的身影。

MAC 超密技！

iCloud Drive：你的雲端硬碟

iCloud Drive 是 iCloud 底下的雲端硬碟服務，跟一般大家使用的 Dropbox、Google Drive 很類似，但有一點點不一樣。

🍎 iCloud Drive 與 Dropbox、Google Drive 的差異

在 Dropbox 等雲端硬碟服務中，你可以在資料夾裡面丟入多個檔案，在別台同樣有登入 Dropbox 的電腦或手機就可以一起存取這些資料；在 iCloud Drive 上也能夠做到這些事情，如下圖，我在 iCloud Drive 電腦端丟入「新書目錄編排 .pdf」。

在 iCloud 網頁版也同樣會出現這個檔案，iPhone、iPad 上的 iCloud Drive 資料夾也會同步出現。

另外，你會在 iCloud Drive 資料夾中看到許多應用程式的子資料夾，像是「Numbers」、「Pages」，甚至還有「桌面」、「文件」。

這是由於 iCloud Drive 會直接連動支援 iCloud 的「應用程式」，意思就是，iCloud Drive 能直接與 Numbers 連動，當你在存檔時可以直接將檔案存到 Numbers 的 iCloud 資料夾，這樣一來你即使在另一台電腦、iPhone 甚至 iPad 上，都可以直接從這個資料夾存取檔案。

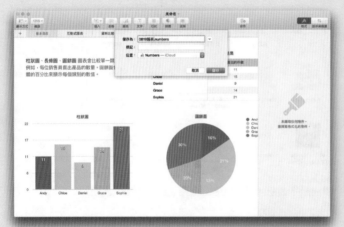

注意上圖的儲存位置，是位在「Numbers-iCloud」對吧，存檔之後，在 iPhone 上的 Numbers 就會自動出現這個檔案。(不用再開啟 iOS 端的 iCloud Drive 了)

簡單來說，Dropbox、Google Drive 等雲端空間是把檔案存在一個一個的資料夾內，但 iCloud Drive 除了也可以這麼做之外，同時也利用「應用程式」當作分類的標準。你把檔案存在它所屬的應用程式資料夾，在另一台登入 Apple ID 帳號的機器上開啟那個應用程式時，就可以自動抓到你存在 iCloud Drive 的那個檔案。不用再去一層層的資料夾內翻找。

但要注意的是，這種做法有好有壞。這功能雖然可以無縫地在各個裝置之間存取同一個檔案，但像我個人習慣將每一個檔案安排在它所屬的資料夾內，所以把它丟到 iCloud Drive 上的應用程式資料夾會造成我分類、尋找的困擾。

利用 iCloud Drive 清理出 Mac 空間

iCloud Drive 除了有儲存檔案的功能以外，還有一個非常方便的功能叫做「最佳化 Mac 儲存空間」，透過最佳化儲存空間，就可以把「桌面」、「文件」裡不常用的資料傳到 iCloud Drive，就不會佔用你本機的容量。

由於 Mac 很貼心地只會將「很久沒開的老舊檔案上傳至 iCloud Drive」來藉此騰出硬碟的空間，偶爾還會開啟的檔案則是留在本機端，所以不用擔心每次開啟檔案都要等它下載完才能使用。另外，會被上傳到 iCloud Drive 的老舊檔案也僅限於「桌面」以及「文件」裡的資料而已。

1 許久沒開的檔案在檔名旁會出現 iCloud 的圖示，點兩下就會自動下載並開啟了，檔案的路徑還會留在原本的位置。

2 在「系統偏好設定」>「iCloud」，點「iCloud Drive」旁邊的「選項」按鈕。

3 把「桌面與文件檔案夾」勾選起來，並勾選底下的「最佳化 Mac 儲存空間」，這樣 Mac 就會在電腦容量不足時，自動上傳老舊檔案到 iCloud Drive 上來節省空間。

Skill 6-3

iCloud 照片圖庫：
讓所有裝置的照片保持一致

iCloud 除了當作雲端硬碟使用、備份 iPhone 資料以外，還有一個相當方便但卻經常被誤解的功能：「iCloud 照片圖庫」。透過 iCloud 照片圖庫，可以讓所有裝置上的照片保持一致，也就是所謂的「同步」。假使 iPhone 拍了一張照片，你的 iPad/Mac 也同時會出現這張照片；若在 iPad 上刪除了某張照片，其他裝置如 iPhone/Mac 上的那張照片也會被同時刪除。另外這些照片也會同時被保留在 iCloud 上。

所以請記得，並不是開啟「iCloud 照片圖庫」後，就可以把 iPhone 上的照片刪除來節省空間了，這是不行的！因為一旦你把 iPhone 的照片刪除，其他裝置以及雲端上的照片也會同時被刪除。

如何開啟 iCloud 照片圖庫？

1 首先，先打開 Mac 的「照片」App，按下「Command +，」打開偏好設定，並確定你要用哪個圖庫作為 iCloud 照片圖庫使用，點「作為系統照片圖庫」即可。

2 點上圖的第二個「iCloud」標籤，把「iCloud 照片圖庫」勾選起來；下方可以選擇「最佳化 Mac 儲存空間」，這樣一來照片的原始檔就會被存在 iCloud 上而非 Mac 上，藉此節省硬碟容量，與先前章節介紹的類似。

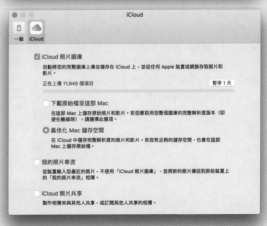

3 到 Mac 的「系統偏好設定」>「iCloud」，點一下「照片」旁邊的按鈕，確定「iCloud 照片圖庫」已經被勾選起來。

4 打開 iPhone、iPad 等裝置，到「設定」> 最上面的帳號按鈕 >「iCloud」>「照片」，確定「iCloud 照片圖庫」已經被開啟。這樣一來就完成了 iCloud 照片圖庫的設定。

🍎 我的照片串流

除了「iCloud 照片圖庫」外,大家應該也在上方的設定中看到一個「我的照片串流」的選項,這個功能同樣可以保持照片在不同裝置間的同步,但這兩者到底差在哪裡呢?官網列出了非常清楚的比較表給各位參考。

iCloud 照片圖庫	我的照片串流
使用您的 iCloud 儲存空間。	不會計入您的 iCloud 儲存空間。
只要擁有足夠的 iCloud 空間,想要儲存多少照片和影片都沒問題。	上傳您過去 30 天內的照片,並以 1000 張為限。
以完整解析度的原始格式儲存。	使用較小且針對裝置最佳化的解析度,將照片下載到您的 iPhone、iPad 和 iPod touch 上。在您的 Mac 或 PC 上,照片會以完整解析度下載。
您可以開啟「最佳化儲存空間」並節省裝置空間。	所做的編輯不會在所有裝置上更新。
所做的編輯會儲存在 iCloud 上,並在您的所有 Apple 裝置上保持更新。	
支援的檔案格式:JPEG/TIFF/PNG/RAW/GIF/MP4	支援的檔案格式:JPEG/TIFF/PNG
可存取照片的裝置:Mac/iPhone/iPad/iPod touch/Windows PC/Apple TV(第 4 代)/Apple Watch/iCloud.com	可存取照片的裝置:Mac/iPhone/iPad/iPod touch Windows PC/Apple TV(第 4 代)

簡單來說,iCloud 照片圖庫可以把照片先上傳到 iCloud 上並在所有裝置間同步,所以有點類似中央銀行的感覺;但我的照片串流不會使用到 iCloud 空間,限制自然也比較多。一般來說,如果開啟了「iCloud 照片圖庫」就不用再開啟「我的照片串流」了,但如果你的 iCloud 空間不足又不想把花錢升級,僅開啟「我的照片串流」也可以滿足部分需求。

「我的照片串流」開啟方式與「iCloud 照片圖庫」一樣,在「照片」App 的「偏好設定」以及 iOS 裝置的 iCloud 設定裡都可以開啟。

透過 iCloud 可以節省硬碟空間嗎？

iCloud 照片圖庫可以節省硬碟空間，但請記得，iCloud 並不是把你的照片上傳到 iCloud，然後你就可以把照片刪除了，因為這樣的話會連帶把所有裝置的照片一併刪除；在本節前面有提到「最佳化 Mac 儲存空間」的選項，在 iCloud 照片圖庫中也有一樣的功能。

在本節教大家如何開啟 iCloud 照片圖庫的地方，也都可以看到「最佳化 Mac 儲存空間」以及「最佳化 iPhone 儲存空間」的選項，把它勾選起來就可以了。開啟之後，iCloud 就會將你的照片以「縮圖形式」儲存在 iPhone 上，進而節省空間，而你完整解析度的美照，則會儲存在 iCloud 上。

開啟「照片」內的相片時，只會看到低解析度的縮圖，點開之後才會開始下載原圖。(照片右下角為下載原圖的進度)

完成後，完整解析度的圖檔才會呈現，藉由將原圖存在雲端、本機只留縮圖的做法節省硬碟空間。

想把照片傳到雲端，然後把本機端的照片刪除，該怎麼做？

iCloud 是辦不到的，若有這種需求，請使用「Google 相簿」服務。

Skill
6-4

MAC 超密技！

接續互通，讓各裝置無縫接軌

蘋果產品的精神之一，就是讓各個裝置之間能夠協調、完美的協作；前面章節介紹過的 AirDrop、iCloud 相片圖庫等等，都有這樣的精神。本章節要介紹的功能「接續互通」將 Mac 和 iPhone 間的協作又提高了一個層次，不僅可以用 Mac 接電話，還能夠跨裝置共用剪貼板、跨裝置完成進行到一半的動作等等。

接續互通是什麼？

接續互通（Continuity）是六個服務的通稱，這六項分別是：Handoff、通用剪貼板、行動網路電話、SMS/MMS、Instant Hotspot、自動解鎖等等。以下就針對這六種功能一一介紹。

一、Handoff：事情做一半、換到另一台裝置上繼續做

Handoff 讓你把寫到一半的郵件，無縫地同步到另一台裝置上繼續進行（所以不用再先存草稿或事先寄給自己了），同理也可以同時編輯備忘錄、在 iPhone 上打開 Mac 正在閱讀的網頁等等。

如何開啟 Handoff？

首先，先確定你要連接的裝置之間已經登入同一個 Apple ID、並開啟藍芽、Wi-Fi。接著到 Mac 的「系統偏好設定」>「一般」> 把「允許在這部 Mac 和您的 iCloud 裝置之間使用 Handoff 功能」勾選起來。

2 在 iPhone 上，到「設定」>「一般」>「Handoff」把功能開啟，這樣一來，你的
iPhone 及 Mac 之間就連線完成了。

◉ 透過 Handoff 連接任務

這邊舉幾個範例，假使你在 iPhone 上正在閱讀某個網頁，在 Mac 上的 Dock 就會看到這個畫面。點開之後，就會用 Mac 的 Safari 瀏覽器開啟 iPhone 上正在閱讀的網頁了。

另一個例子，我正在用 Mac 的「郵件」軟體寫一封信。

按兩下 iPhone Home 鍵叫出多工選單後，就可以在底部看到「郵件 來源：XXX 的 MacBook Pro」，這就是透過 Handoff 把任務從 Mac 移轉到 iPhone 上的方法；點下去後，就會開啟郵件，進度也會到剛剛寫的那邊：

最後幫大家整理一下 Handoff 延續工作的方法：
- 透過 Handoff 在 Mac 上延續 iPhone 的進度：從 Dock 最左邊取用。
- 透過 Handoff 在 iPhone 上延續 Mac 的進度：從多工畫面底部取用。

二、跨裝置通用剪貼板

「通用剪貼板」讓你在 Mac 上複製一段文字，在 iPhone 上就可以直接貼上，反過來也一樣。雖然「通用剪貼板」是「接續互通」底下的一個功能，可是在設定上卻是與 Handoff 綁在一起的。也就是說 Handoff 開啟，通用剪貼板就開啟、Handoff 關閉，通用剪貼板就關閉。

照前面的說明開啟 Handoff 並連結兩台裝置後，試著在 Mac 上複製一段文字。

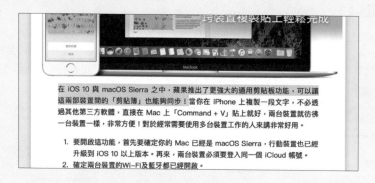

在 iPhone 上，長按游標後選「貼上」，就可以看到 Mac 上的那段文字被貼了上去。

很可惜的，「通用剪貼板」並沒辦法單獨關閉，而我並不習慣這樣的工作模式。就我而言，我還是習慣 iPhone 一套剪貼簿、Mac 一套剪貼簿，因此通用的話有時對我會造成困擾。偏偏 Mac 又沒辦法單獨把這功能關閉，因此若我要關閉通用剪貼板的功能，就也只好犧牲 Handoff。

三、iPhone 行動網路通話

這個功能對我來說也蠻實用的！簡單來說，只要讓 iPhone 與 Mac 透過「接續互通」連線後，當有人打電話給你時，就可以透過 Mac 來接聽電話；同理，你也可以用 Mac 來撥打電話，這邊指的不是 Skype 之類的網路電話，而是透過 SIM 卡的那種電話喔。

🍎 如何開啟：

先確定要連線的裝置已經登入同樣的 Apple ID、開啟 Wi-Fi 或有線網路且連接於同一個網路底下。在 iPhone 上，進入「設定」>「電話」>「在其他裝置上通話」，並選擇允許通話的裝置。這邊不建議全部開啟，免得你電話一來所有的機器都在叫，我個人是只會開啟電腦而已。

在 Mac 上，打開 Facetime 程式，按「Command +,」叫出偏好設定，並勾選「從 iPhone 通話」。往後接到來電時，Mac 上就會出現這個通知。

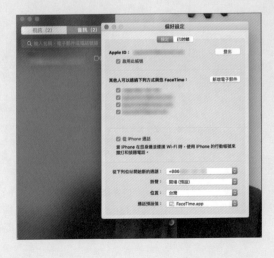

在 Mac 上撥打電話

在「聯絡資訊」、「行事曆」、Safari 或其他
能自動偵測電話的 app 中，將滑鼠移到電
話號碼上，按一下旁邊的箭頭選擇「使用
iPhone 撥打『電話號碼』」即可。

或者使用 FaceTime app 並在搜尋欄位中輸入電話號碼。按住 Control 並按一下搜尋結果中的電
話號碼，然後從彈出式選單中選擇電話號碼。

四、讓 Mac 也能接收、傳送簡訊

既然 Mac 可以打電話，那傳簡訊當然也不成問題了。其實在 macOS 上，傳送 iMessage 就像傳
LINE 一樣是透過網路且不用收費的，但想要用 Mac 傳送一般的 SMS 簡訊，就得透過與 iPhone
用「接續互通」連線來達成。

如何設定：

在 iPhone 上，到「設定」>「訊息」>「傳送與接收」，確認螢幕最上方的 Apple ID 與另一個裝
置上用於 iMessage 的 Apple ID 相同。同時勾選您的電話號碼和電子郵件位址，接著到「設定」
>「訊息」>「訊息轉寄」，把要連線的裝置開啟。

在 Mac 上，打開「訊息」>「偏好設定」>「帳號」，確
認此處選取的 Apple ID 與其他裝置上使用的 Apple ID 相
同，同時勾選您的電話號碼和電子郵件位址。

五、Instant Hotspot：讓信任的裝置快速連線網路熱點

這個功能讓你不用先拿出 iPhone > 開啟個人熱點，再用 Mac 連線網路。透過接續互通的 Instant Hotspot，只要兩台裝置登入同一個 Apple ID，就可以在 Wi-Fi 選單內看到手機的網路熱點了（即使手機沒有開啟也一樣），這樣一來也不用擔心被別人猜到密碼偷連啦！

六、自動解鎖

「自動解鎖」是當你戴著 Apple Watch 時，不用在 Mac 上輸入密碼，當電腦一感應到你戴著 Apple Watch 就會自動信任並將電腦解鎖。由於這功能並不是很常用，加上新版 MacBook Pro 搭載 Touch ID 之後使用的機會更少，因此本書就不多耗費篇幅介紹，有興趣的朋友請至官網的說明頁面：https://support.apple.com/zh-tw/HT206995

CHAPTER 07

與組員共用！
第三方協作術

團隊合作在工作中是非常重要的一個環節，當我們需要很多人同時編輯一份文件時，除了將檔案放到共享的雲端外，還可以利用 iWork 內建的協作功能，達成多人同時編輯一份文件的需求。iWork 的協作是即時的，所以在編輯的同時，大家的文件也會立即出現更動，完全不需要擔心會因為檔案版本的不同，而覆蓋到他人編緝的部分。

如何開啟 iWork 協作

1 打開 Pages、Numbers、Keynote 這系列 iWork 軟體後，可以看到在右上角相同的位置，有一個人頭的「合作」符號，點一下來開啟共享的選單。(所有支援協作的軟體都有這個圖示，蘋果的軟體操作邏輯都是通用的)

2 選單打開後，可以看到各種傳送共享連結的方式，這邊我個人偏好選擇用「拷貝連結」的方式，接下來加入你要共享的人員，最後按下「共享」就可以開始協作編輯同一份文件了。

3 開始共享後，可以發現右上角的人頭圖案變成綠色的，這樣就是已經開始協作的分享了，點一下可以看到有哪些人員正在共享這份文件，也可以在這邊拷貝共享的連結，不過共享的連結只對在共享名單內的人員有效，其他人如果取得了連結也無法開啟檔案。

4 這邊除了可以看到編輯人員的名單外，也可以對每個人員的編輯權限進行設定。

5 在編輯的當下，其他使用者會有一個標籤出現在他正在編輯的地方，以便大家了解彼此的工作狀況。

這邊要注意的一點是，只有放在 iCloud 上的文件可以使用協作的功能，在文件編輯的時候可以先存放在 iCloud 上，待檔案確定完成編輯後再移到其他空間存放。

沒有 Mac 的夥伴也可以協作？

如果遇到不是用 Mac 的工作夥伴，也可以加入協作嗎？當然可以，我們只要利用網頁版 iCloud 的 iWork 軟體，一樣可以達成協作。只要在「icloud.com」登入 Apple ID，就可以免費的使用 Pages、Numbers、Keynote 這些 iWork 軟體，沒有 Apple ID 的話也可以直接在這邊辦一個。

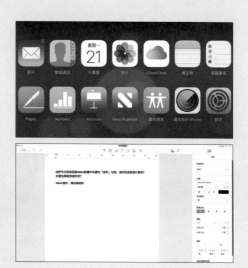

網頁版的 iWork 軟體就跟 Mac 上的版本差不多，雖然有部分功能無法使用，但基本編輯該有的功能都有。 這樣即使對方沒有 Mac，也可以透過網頁版編輯同一份文件了！

操作一些軟體或網頁有困難或是障礙，想請其他的工作夥伴幫忙時，比起用文字或語音說明，直接實際的操作往往是比較快的方法。但如果對方並不在身旁時，就可以利用遠端控制請對方直接操控我們的電腦。

對於遠端操控軟體，大家第一時間應該都會想到 TeamViewer 這套軟體，但其實我們只要利用 Mac 內建的 iMessage 就可以達成遠端操控了。

如何開啟遠端操控

1　首先，先打開 Mac 內建的「訊息」，打開訊息後選擇你想要求助的對象的對話框，可以看到對話框的右上角有「詳細資訊」。按下去後再選擇「　　」這個按鍵。

2　按下去後再選擇「邀請共享我的螢幕」。

3　這時候對方的 Mac 會收到這樣的訊息：

4 按下接受後，對方就可以看到你 Mac 的畫面了。

5 但這時候還不能進行操作，我們必須要在應用程式選單列的地方，允許對方控制我們的螢幕，對方才能進行操作，否則對方只能看到我們 Mac 的畫面而無法操作。

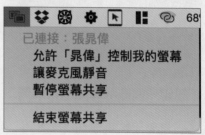

6 當然，除了我們自己打開權限外，對方也能主動要求控制我們的螢幕，但決定是否讓對方操控的主控權還是在我們身上。

7 當我們讓對方控制我們的螢幕時，對方可以透過拖拉放的方式在兩台 Mac 間傳輸資料。

如果我們想要結束遠端的螢幕操控時，只要在應用程式選單列「螢幕共享」的地方，選擇「結束螢幕共享」，對方的控制畫面就會被關閉了。

工作團隊成員有共同的會議、某個專案的期限等等事情時，可共用一份行事曆，大家有什麼任務就直接加在上面讓所有人看到；又或者是家裡成員共享一個行事曆，哪天晚上誰不回家，或是哪天要去參加什麼哥哥姊姊的婚禮時，就把事情寫在上頭，用意就像貼在冰箱上的家庭行事曆一樣。

Mac 的行事曆就有「共享行事曆」的功能，不但可以通知大家有什麼新行程，還可以設定行程前的提醒，這樣一來，也不怕有人忘了時間而遺漏行程。

🍎 設定一個團隊專屬的行事曆

1 首先我們在行事曆的左側，按一下右鍵來「新增行事曆」，記得要將行事曆建立在 iCloud 的群組內，否則無法使用共享的功能。要在 iCloud 的行事曆群組中新增日曆，可以先點一下 iCloud 群組中的任何一項行事曆，再從下方空白處按右鍵新增行事曆。

2 接下來，在我們剛剛新增的行事曆上按下右鍵，選擇「共享行事曆」。

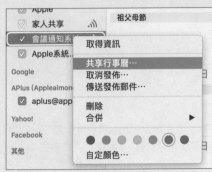

3 在「共享對象」的地方輸入你要共享對象的聯絡資訊，或者輸入對方 Apple ID 的信箱即可。

4 點一下我們剛剛新增的共享對象，可以設定給對方的權限，如果不希望對方在共享行事曆中變更行程或增加行程，可以將設定設為「只限檢視」，設定完成後按一下右下角的「完成」即可。

5 設定完成後，只要我們在共享行事曆中新增行程，就會自動同步到大家的行事曆上，也能在行程上設定事件前的提醒，這樣一來也不怕大家忘記。如果對方的權限是設定在「檢視與編輯」，對方也可以在行事曆中新增行程，我們自己的行事曆中也會出現對方所新增的行程。

雖然 iCloud Drive 很方便沒錯，但畢竟 iCloud 只有提供你 5GB 的免費空間，而且 iCloud Drive 屬於私人空間，並無法與他人直接共享資料夾，當我們有檔案要跟朋友或者工作夥伴共享時，就會需要用到第三方的雲端空間，例如：Dropbox、Google Drive。

Dropbox

就拿我跟 Joey 撰寫這本書的過程來舉例，因為我們是各自撰寫不同的章節，並不會造成同一份檔案內容被覆蓋的狀況，所以我們全部都是使用 Dropbox 的雲端來共享資料夾。

使用 Dropbox 共享的話，我個人建議直接安裝 Mac 版，如果是用網頁開啟 Dropbox 反而沒有那麼方便。

裝完 Mac 版的 Dropbox 後，可以在 Finder 直接看到 Dropbox 上的資料夾，只要連接到網路 Dropbox 就會自動將雲端上的內容同步到 Mac 上，完全不需要再自行下載，離線時也能取用及對檔案進行編輯。

在應用程式選單列中，可以看到最近我們所使用的檔案，如果是有共享的資料夾，也可以看到對方在近期內新增了哪些資料，對方新增的資料也會自動同步到你的 Mac 裡。

當然，我們也可以設定我們要同步哪些資料夾，因為有些檔案平時並不會用到，可以把它留在雲端上就好。

我個人偏好是使用 Dropbox，因為它的設定介面比較簡單，較為可惜的是只有提供 2GB 的免費空間，如果有比較大型的檔案需要共享，也可以使用 Google Drive 來共享，因為它提供了 15GB 的免費空間，相較起來大多了，不過 Mac 版的 Google Drive 與 Dropbox 相較起來設定較為複雜，所以我個人建議 Google Drive 的部分可以直接用瀏覽器開啟來使用就好。

MAC 超密技！

共享備忘錄，
創立共同維護的筆記本

前面已經介紹過了 iWork 的協作方式，但有時在團隊中，有一些小小的注意事項或一些瑣碎的小事要公告，就可以利用內建的「備忘錄」來作為公佈欄的功能，大家可以同時新增項目，也可以利用檢查表的功能，把已完成的事項打勾。

而且用備忘錄作為公佈欄就不怕像在群組裡傳訊息一樣，一下就被洗版不見了，我想這是使用備忘錄作為公佈欄一個很大的優點。

設定備忘錄的共享

 我們先在備忘錄開一篇新的備忘錄，接著點一下右上角的共享圖示（人頭）。

2 接下來選擇你要共享的方式，並輸入對方的聯絡資訊，按下「共享」這篇備忘錄就開始共享了。

3 點一下右上角的共享圖示，可以對成員的權限進行設定，如果要停止共享也是在這邊進行設定。

4 設定為共享的備忘錄，在預覽的標題旁邊可以看到一個人頭圖示，以便辨識哪個備忘錄是有啟動共享的。

> ⊕ **每日工作確認事項**
> 上午11:30 新聞二則

NOTE.

這邊有一點要注意的是：只有在 iCloud 下的備忘錄是可以共享的，如果使用其他帳號所建立的備忘錄，就無法啟用共享的功能喔。

CHAPTER 08

整理照片
不麻煩！

自從人手一台智慧型手機的時代來臨之後，不曉得大家都是如何整理成千上萬張的照片呢？很多人選擇用傳統的「資料夾」方式整理，但這樣一來就要經常記得把照片傳到電腦上，再一個個進行分類、命名……另外也有人乾脆就不整理了，上千張照片就存在 iPhone 內，要找再想辦法挖出來。

其實，大家對於內建的「照片」App 不用那麼恐懼，它的使用方式非常簡單，而且可以根據時間、地點、人物交叉分類，舉例來說，假使你要找出 2016、2017 年造訪韓國的照片，在「照片」程式中就只需要把韓國這個地點叫出來即可。

「王小明」的照片有時散落在大學合照、有些在出國旅遊、有些在辦公室的工作照裡，你也可以透過照片的人臉辨識功能一次抓出來，不用在一堆堆的資料夾裡面翻找。「照片」甚至還有智慧型搜尋功能，直接輸入「海邊」、「小狗」等等關鍵字，就可以辨識出你照片裡拍的到底是什麼，並一次顯示出來！

如果你是 iPhone/iPad 使用者的話，「照片」甚至可以免傳輸線，直接透過 iCloud 同步你拍的照片，連把照片傳到電腦的功夫都省了。使用「照片＋iCloud」還有另一個好處，那就是可以幫你管理 Mac 的硬碟容量，就如前面 iCloud 章節所說，可以自動將照片原始檔存放於 iCloud 上，在電腦內僅保留縮圖，藉此來節省硬碟空間。

此外，照片 App 還可以做簡單的修圖、濾鏡、標示等等後製功能，幾乎所有的照片管理任務都由它包辦了！

「智慧分類」、「無縫同步」、「硬碟空間優化」、「後製功能」就是 Mac 照片 App 的四大特色，以下章節將一一介紹。

MAC 超密技!

輕鬆三招,將照片輸入 Mac

要用 Mac 管理照片,第一個問題就是「怎麼把照片匯入 App 裡」吧!這件事也是有學問的,不同的目的有不同的作法,以下就讓我來一一介紹將照片匯入 Mac 的方式。

一、最簡單的方法:iCloud 照片圖庫

請翻閱前面的 iCloud 章節,有特別介紹到「iCloud 照片圖庫」這個功能,透過 iCloud,你可以無痛、無腦、無縫地讓所有裝置裡的照片維持一致。意思就是說,當你用 iPhone 拍下一張照片時,Mac 的「照片」App 就會自動出現那張照片了!同時,登入同一個 iCloud 帳號並開啟 iCloud 照片圖庫的其他裝置如 iPad、第二台 iPhone 等等,也都會同步出現那張照片。用這種方式,就完全不用煩惱怎麼把照片輸入電腦中,因為完全不用你操心!

二、沒網路的時候,手動輸入照片

但「iCloud 照片圖庫」需要連接 Wi-Fi,而且也需要耗費你的 iCloud 空間,雖然是最簡單的方式,但並不適合每一個人。此外,若是要從 SD 卡等外接裝置輸入照片,就只能用「照片」App 手動輸入的方式。

將裝置接上電腦,並開啟「照片」,就可以在左側選單中的「輸入」看到你的裝置。

2 點一下裝置的 iPhone 作為範例，這時你可以在畫面中看到 iPhone 裡的所有照片，這些照片目前還沒被輸入電腦中。一個個點選想要輸入電腦的照片，並點右上角的「輸入＿＿個項目」就可以把選取的照片匯入。

3 匯入後，照片會顯示在「最新輸入的項目」中。這邊只是把最近匯入「照片」的相片列出來而已，它們同時也已經出現在左側選單的「所有照片」裡面了。注意，雖然在兩處都可以看到這些相片，但其實在軟體內它只有一份，同時顯示在不同地方而已，所以不要輕易刪除。

4 當然，你也可以用最簡單粗暴的方式，把相片拖曳進「照片」App 裡即可。

三、不透過「照片」App，把照片從 iPhone 抓到 Mac 裡

如果完全不想開啟「照片」App，要怎麼把相片輸入呢？有網路的話，我會透過以下三種方法：

Dropbox：很容易理解吧！在 iPhone 下載 Dropbox App，並把照片上傳到 Dropbox 資料夾內，電腦自然也就會同步下載這張照片的原始檔。由於我平常有 iPhone*1、iPad*1、Mac*2，因此這麼做的好處是，可以讓同一張照片同時出現在不同的機器內，有點類似「iCloud 相片圖庫」的概念，但不用透過什麼肥大的軟體作為媒介，而且可以與其他檔案一起歸類。

舉例來說，我會把評測某個 App 需要用到的資料都收在一個特定的 Dropbox 資料夾內，App 的截圖也就直接傳到那個資料夾即可，這樣無論我要在哪台裝置上編輯都可以。

透過 AirDrop：在「Finder 活用術」章節中介紹過的功能，AirDrop 是蘋果裝置間速度最快的點對點傳輸功能，因此我若想把照片快速的輸入到 Mac 裡，大多會選擇這種方式。缺點就是它沒辦法在上傳時就決定要傳到哪個資料夾，因此速度快、但沒有 Dropbox 那麼彈性。

用「影像擷取」程式：Mac 內建的「影像擷取」是較不為人知的一個軟體，無需透過網路，把 iPhone 插上 Mac 後，開啟「影像擷取」，選取你要輸入的照片。

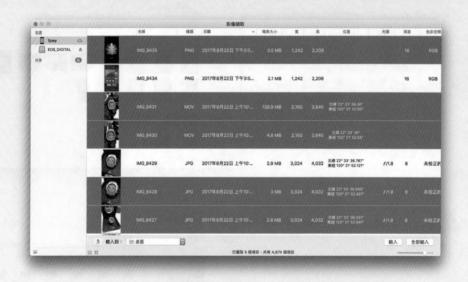

在底下選擇要輸入到哪個資料夾，再點一下「輸入」即可，「影像擷取」的缺點是不支援 Live Photos，因此只能輸入靜態照片。但這方法不需透過網路，而且速度又快，在某些情況下是相當推薦的方式（像我在飛機上寫書時，就是用這方法批次輸入照片的）

現在你已經知道怎麼把照片輸入到 Mac 裡，或是輸入到「照片」App 內了，那麼，就可以開始來使用它強大的相片管理功能了！

先搞懂「照片」的相片邏輯

在「照片」App 中，你可以看到左側選單有各式各樣的分類，像是人物、地點、最新輸入的項目、連拍等等。但有個觀念要很清楚，那就是「程式裡的相片都只有一份，左側選單裡只是分類的方式」。你所有的照片都會在選單內的「所有照片」裡，底下的分類只是把「所有照片」裡面的相片用各式各樣的方式分類顯示給你看而已。

也就是說，假使你用全景拍了一張「尼加拉大瀑布」的照片並輸入到 App 裡，再把它丟到「2017 紐約行」的內建相簿中，此時這張照片可以在左側的「所有照片」、「全景照片」、「地點」、「2017 紐約行」等多個地方顯示出來，但這並不代表這張照片被複製了多次，而是它在程式中已不同的分類方式被表列出來而已，所以要是你把某個相簿裡的照片刪除，其他地方的同一張照片也會被跟著刪除喔（自行新增的相簿不會，本節末會有介紹）。

🍎 有條理地檢視所有的照片

在「照片」App 左側選單的最上方，有一個「照片」按鈕，在這裡很簡單地將照片依照時刻、選集、年份進行分類。只要在觸控板上兩指往內／往外一滑，就可以在各個模式間切換，或者利用左上角類似上一頁、下一頁的按鈕，也有同樣的效果。

1 在「時刻」模式中，會依照單日日期來分類，點一下相片就會進入照片瀏覽模式。

2 按左上角的「上一頁」箭頭，或兩指往內縮，就可以進到「選集」，這邊會依照地點相同且時間接近的方式分類。

3 再往上一層就會進入「年份」，顧名思義就是依照年份來分類了。

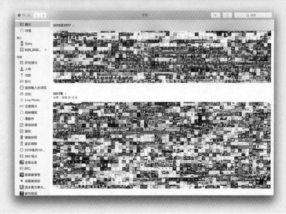

🍎 依據「人物」來分類

Mac 的「照片」還內建有一個神奇的黑科技，那就是依據人臉辨識結果來顯示「某某某的照片」，在整理出遊照、活動照片的時候，就可以用這功能把照片依據「人」來分類，再把照片傳給大家了。想要回憶和某人的合照時，也可以用這方法快速的挑出來。

1 點一下選單中的「人物」分類，就可以看到系統預設的一些人臉。

2 在人臉下方可以輸入名稱方便自己分類使用，點一下右側的「加入人物」可以顯示出系統在你的照片中抓出來的所有人臉。

3 這人臉辨識功能雖然強，但還是有一些小瑕疵，像是我不同角度的照片就佔了好幾個分類，我每次都長得不一樣嗎……點進去「人物」後，就可以看到那位人物有哪些照片、在哪邊拍的、以及是否有其他照片合輯等等（合輯由 Mac 自動產生）。拉到最底下，點「確認其他照片」，Mac 就會一一詢問你照片中的某人是不是你，你可以藉著在這裡回答來合併辨識結果。

依照地點分類

這也是非常實用的功能，對於旅行者來說更是如此！ Mac 可以依照相片裡的地理位置資訊，把你的照片放在地圖的各處，這邊單純依照地理位置分類，所以可以看你有史以來造訪過日本的所有照片、在高雄老家多年來拍的照等等。

1 在左側選單的「地點」分類即可進入地圖模式。

2 在左側選單還有全景照片、Live Photos、縮時攝影等等分類，但相信大家都已經知道是怎麼一回事了，這邊就不多用篇幅介紹。

🍎 自訂相簿分類

雖然 Mac 已經幫你用各種方式分類好照片了，但想要新增自己專屬的精選相簿也是沒問題的，按「檔案」>「新增相簿」或用快速鍵 Command ⌘＋N：

1 命名相簿後，「照片」會詢問你要把哪些照片加入這本。簿中（會依照你現在正在看的照片作為基準）。

2 新增相簿後，要把照片新增進去只需要「拖曳進去」即可。

拖曳時各位應該有注意到，滑鼠上有個綠色的「＋」號。前面有教過，這個符號代表「複製一份」的意思，因此雖然人物、地點等分類都是顯示同一份照片，但你把照片自行新增到相簿裡的話，是會額外複製一份的喔！

新增「智慧型相簿」

「智慧型相簿」與相簿不同，它比較像是一種自訂的「分類」。假使你想要在某本智慧型相簿中顯示「過去一年用 iPhone 7 Plus 拍的照片」，就可以在「相片」裡自訂「時間介於 2016~2017」、「相機型號為 iPhone 7 Plus」等條件，符合條件的照片就會自動被分去那本智慧型相簿中。

而若刪除智慧型相簿裡的照片，其他地方的照片也同樣會被刪除。代表它與「相簿」會複製一份照片的做法不同，比較像是類似於地點、人物那樣的「分類」。

1 點「檔案」>「新增智慧型相簿」，就可以設定條件。

2 條件有非常多種，點一下條件右側的「＋」可以新增更多條件。完成後「照片」就會自動抓出符合條件的照片，並「即時」地新增到裡面。

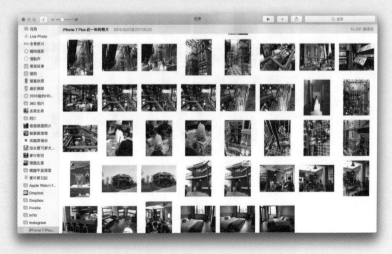

這個功能非常強大，你可以在「照片」App 的右上角搜尋列搜尋「任何形式」的照片，舉例來說，想看你之前在海邊玩的照片，只要搜尋「海邊」即可。至於 Mac 怎麼知道這張照片是不是在海邊呢？這就是他們深度學習技術的厲害了！

1 輸入「海邊」，就可以看到路名有「海邊」的，或是照片內容是海的。

2 打「小狗」，App 不僅可以辨識出哪些照片有小狗，甚至還可以知道是吉娃娃、柯基、博美等等……連小兔子等相關搜尋也一併列給你。

3 確認後「照片」App 就會把搜尋結果列出。

4 搜尋地點、人名也都可以（人名要在「人物」分類底下自行命名）。

「不曉得上次那張拍船的照片放到哪去了……」、「咦？之前去動物園的照片不是放在這嗎？」碰到這類問題，只要用照片的智慧型搜尋功能就可以輕鬆解決了，除了用物件當關鍵字外，也可以用「夕陽」、「雨天」、「墾丁」等各式各樣的關鍵字，有再多照片都不怕！

「相片」App 除了提供照片管理功能以外，本身也是一個簡易的修圖軟體。裁切、翻轉、套用濾鏡，到簡易的上字、加圖都可以辦到；以下就各個功能簡單介紹，在「照片」裡管理相片時順便把圖修好，就不用在一個個修圖軟體之間跳來跳去了。

1 打開照片後，點一下右上角的滑桿圖示，進入修圖模式。(在 macOS High Sierra 中，點「編輯」)

2 修圖模式中，右邊有「增強」、「旋轉」、「裁切」、「濾鏡」、「調整」、「修復」以及「延伸功能」等等。

所謂增強，就是把一鍵把對比強化、調高飽和度等等，照片的每一個參數都可以在「調整」裡面微調，這個「增強」按鍵只是方便你按一下就把圖片修好而已，如果對於照片的各個參數相當在意的人，還是建議到「調整」裡面去設定。

3 旋轉、裁切的功能不用多做贅述，「照片」App 也支援翻轉功能。

4 Mac 預設的濾鏡不多，以 macOS Sierra 來說就這九個，但常用的黑白、懷舊、負沖都有了，對大多數人來說應該也是夠用啦。

再來就是「調整」鈕，這邊可以把「光線」、「顏色」旁邊的小三角形點開，展開所有細部的設定項目。這裡你就可以一個個針對亮部、陰影、對比等等參數去調整。如果單純想讓照片亮一點，建議直接拉動「光線」下面的那個滑桿就好，因為蘋果已經幫你優化好相關參數的數值，所以細部的設定就不要去動它了。

5 「修補功能」可以用在去痘痘、把照片上的灰塵、小反光去除；使用方式也很簡單，調整筆刷大小呀刷就好了。畢竟「照片」是個簡單夠用的修圖軟體，真正專業的修圖還是比不上 Photoshop，用這功能就簡單地去除一下雜質，還 OK 啦！

Markup 標示功能

這個「Markup」功能在 iPhone 的相片中也有、之後會介紹的「預覽程式」也有，基本上就是個讓你可以在照片或 PDF 檔上加字、加框框、畫圖的軟體。我常說 Mac 沒有小畫家，如果需要簡單的塗鴉功能，就選預覽程式或照片的 Markup 就可以了。

1 點「延伸功能」的「Markup」。

2 這時會進入另一個視窗，這就是 Markup 模式。在 Markup 模式上方就是各式各樣的編輯工具，分為左右兩類：
- 左邊工具：筆刷、力道筆刷、幾何圖案、文字。
- 右邊工具：可調整「左邊工具」的筆畫粗細、外框顏色、填入顏色、文字格式等等。

所以，右側的那四個工具其實是用來調整左側那些工具的外觀使用。筆刷或幾何圖案的外框粗細，都可以在這裡調整，另外也有虛線、蠟筆線條質感等等可以選擇。

3 顏色也是一樣，點「顯示顏色」可以進入調色盤、顏色滑桿、光譜等等模式。

4 文字調整模式如右。

5 在幾何圖形面板中，有內建的一些箭頭、多邊形可以選擇；出現的圖案如果有綠色的圓點代表控制點，可以調整圓角、局部長短等等，藍色點很好理解，就是形狀大小。這個邏輯在 iWork 或其他蘋果內建的軟體都是通用的。

6 在多邊形工具中還有一個「放大鏡」的功能，藍點可以調整圓圈大小、綠色可以調整放大倍率。不同元件之間也可以調整交疊順序。

Skill 8-6

善用「回憶」功能，
用照片製作質感小短片

「回憶」這功能是照片 App 裡一個花俏，但我覺得還蠻實用的小工具。它可以用你挑選的照片，集結並自動生成一部小短片，而且無須擁有任何剪片技巧！這功能很適合用在家庭紀錄片、活動後的回顧短片或是旅遊小短片等等，而且既然是由蘋果推出的，品質也都有一定的保證。

1 打開「照片」App，在左側列表就可以找到「回憶」標籤，裡面有 Mac 自己幫你精選的回憶集錦。

2 點進去後，可以看到這份「回憶」裡面有哪些照片、有哪些人以及地點；點一下右上角的播放鍵，就會開始生成影片。

雖然 Mac（以及 iPhone）會幫你自動挑選照片來製作影片，但其實你自己才是最清楚哪些照片適合使用的人，因此你也可以用自製的相簿來生成回憶短片。關於相簿的做法，在本章前面已經有介紹過。

3 點一下相簿，並點右上角的「顯示為回憶」，即可將這本相簿的內容製作為回憶小短片了。

4 點一下播放鍵，選擇風格
以及音樂，完成後點「播
放幻燈片秀」即可。

5 之後回憶就會以全螢幕的
方式呈現；之後隨時要播
放時，也都可以用一樣的
步驟更改主題與音樂。

6 如果像要特別收藏這段回
憶短片，拉到最下面，點
「加入『回憶』」即可。

這樣，這段影片就會顯示在左側選單的回憶標籤裡了。在「人物」、「地點」內，只要看到有幻燈
片的播放鈕也都可以生成回憶短片。回憶也支援 iCloud 相片圖庫，因此若你有開啟這功能的話，
在 iPhone/iPad 上也會出現同一份回憶影片。

CHAPTER 09

編輯 PDF/ 照片
在 Mac 上超簡單！

MAC 超密技！

PDF 重度使用者必知：

Mac 的預覽程式

PDF 檔案是所有人工作中都會大量碰到的格式，它有不會跑版、跨裝置、支援度高等優點，但同時也有不易編輯等限制。Mac 內建的「預覽程式」是一個可以滿足絕大多數 PDF 使用者需求的軟體，很多時候可以用最簡單快速的方法完成簽名、上字、畫記等等任務，甚至可以作為「小畫家」來進行簡單的修圖（限圖檔），本章就要教大家如何利用預覽程式來處理日常工作時會遇到的種種問題，相信對於提高工作效率有很大的幫助。

🍎 最好用的 PDF、圖檔閱讀器

預覽程式應該是各位拿到 Mac 時預設的 PDF、圖檔開啟軟體；軟體介面分為顯示預覽的側邊欄、頂部的工具列以及內容區域，很好理解。

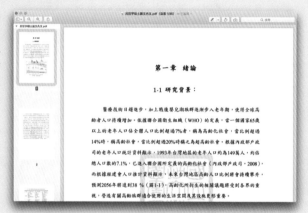

在頂端工具列空白處按右鍵，選「自訂工具列」後可以自訂功能快速鍵。

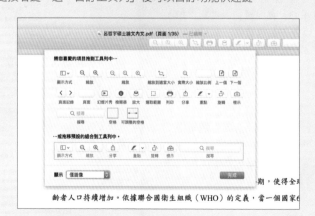

我的規劃是放置「縮放」、「縮放到適當大小」、「列印」、「放大」、「重點」、「旋轉」及「標示」，其他像是搜尋、分享、顯示方式等等預設的就不要去動它。之後章節會陸續介紹這些工具的作用。

PDF 的顯示方式

在最左側的「顯示方式」選單中，可以選擇
「單頁 / 雙頁」等模式，對大螢幕使用者來
說可以快速閱讀文件。

選擇「縮圖目錄」就可以把整份文件用縮
圖的方式先掃過一遍，縮圖的大小可以
簡單的在觸控板上用「雙指縮放」或是
「Command ＋ "＋"」以及「Command ＋
"-"」來調整。

至於我最常用的方式，就是預設的「縮覽圖」模式，會在左側顯示一頁頁的預覽圖方便你快速找
到需要的內容。

在 PDF 檔案中加入書籤

如果有一頁的內容特別重要，可以按
「Command ＋ D」將那頁加入書籤；加入
書籤的頁面可以在右上角看到一個紅色的書
籤圖示。

在預覽程式左上角的「顯示方式」選單中，
選「書籤」就可以在清單中看到所有已經加
入的頁面，在選單裡的書籤按右鍵即可刪除
書籤（不會刪除頁面）。

善用搜尋找到需要的文句

很多人不曉得 PDF 裡面的文字是真正的「文字檔」，意思是可以被複製，也可以被搜尋的！雖然這句話對已經知道這件事的人來說根本是常識了，但就我日常的觀察，還是有很多人不曉得這件事，在尋找 PDF 裡的文句時請善用右上角的搜尋，不要再一頁一頁翻找啦！

輸入要搜尋的句子，預覽程式就會把結果顯示在左側。點右上角的箭頭可以在每一個搜尋結果中切換，按「完成」離開搜尋模式。

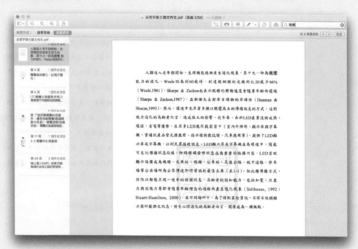

用觸控板放大、縮小、旋轉文件

雖然工具列上已經有縮放及旋轉工具了，但若你用的是有觸控板的 Mac，可以直接用雙指縮放或旋轉來查看文件。若把文件翻轉後代表這份 PDF 已經被編輯過了，需要存檔才能記錄旋轉後的更動。

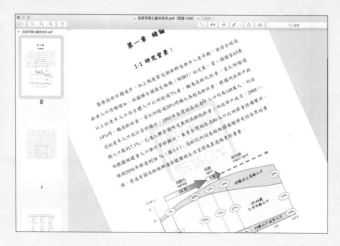

插入其他 PDF 檔案或空白頁

如果想要在 PDF 的兩個頁面中再插入一頁，可以在預覽程式的「編輯」>「插入」找到「來自檔案」的頁面以及「空白頁」。

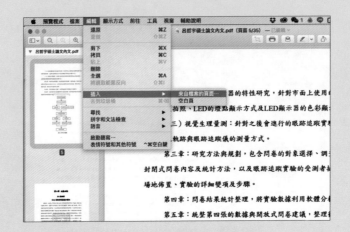

選「來自檔案的頁面」可以直接插入其他 PDF 檔案，甚至是圖片也可以，選空白頁的話，就會多出一個與現在格式相同的頁面，可以用後面篇幅教學的方法插入註解、畫圖等等。

以上就是基本的預覽程式教學，接下來再讓我們看看它還有什麼更強大的應用吧！

PDF 有個惱人的缺點,那就是沒辦法像 Pages 或 Word 一樣在上面直接打字,當然更無法簽名。所以一般會選擇把檔案印下來、簽好名之後再掃描,整個過程又繁雜又慢。但使用 Mac 的預覽程式,這類工作都可以直接在 App 內完成!

如何在 PDF 檔上填寫資料

1 點一下工具列上的「標示」,並點上方的「文字」,就可以在 PDF 檔案上增加文字方塊。在文字工具列的右側,可以調整文字的顏色、字型、大小等等;類似的介面其實在前面介紹照片修圖功能的章節就有講述過了。Mac 內建的軟體其實都是差不多的邏輯、差不多的介面,學一套到哪都可以用。

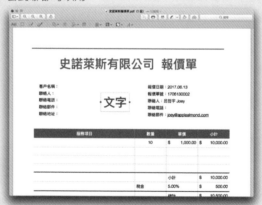

2 用一個個的文字框,就可以在 PDF 檔上填寫資料了。即使存檔後,那些文字框的屬性也還在,所以之後要修改可以直接打開檔案並修改文字框裡的內容就好。

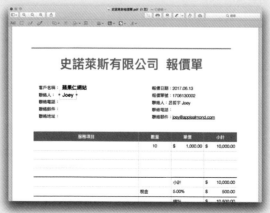

在 PDF 檔上使用手寫簽名

1 手寫簽名這件事也可以透過軟體達成！一樣在「標示」工具中，點「簽名」工具，並點「製作簽名檔」。

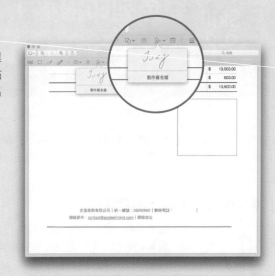

2 預覽程式提供兩種方式，透過觸控板手寫或是用拍照的方法，我們先點「觸控式軌跡板」的「按一下此處來開始」。這邊有一個訣竅，就是請用眼睛看著觸控板，想像觸控板就是一張紙，然後直接在上面簽名。這跟用滑鼠簽名的感覺不同，因為預覽程式會偵測觸控板上的絕對位置，所以眼睛看著螢幕、手在觸控板上寫的話，很容易簽得歪七扭八。

3 簽名完成後長這樣，筆畫粗細是不可調的，隨便點鍵盤上的任意按鍵完成簽名，點「完成」後預覽程式就會把這個檔案存成你的「簽名檔」，這就是之後可以隨時插入文件的圖檔。

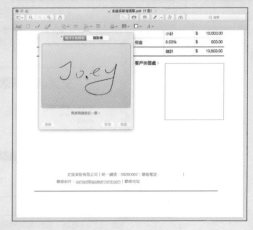

4 或者，也可以在一張白紙上簽上你的名字（對比越大越好），選「攝影機」。

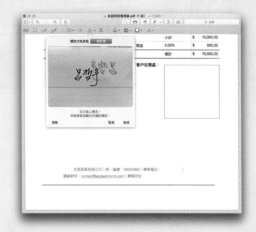

5 預覽程式就會偵測簽名內容，並顯示在螢幕上。確定無誤後就點「完成」，這樣就可以看到剛剛製作的兩個簽名檔了。這兩張圖檔會被存在預覽程式內，所有文件都可以直接套用。

6 點一下簽名檔，就會以圖片的方式出現在 PDF 內，可以任意移動或縮放。

用這方法以後就不用再列印、手寫、掃描啦！因為文件裡的簽名其實也是手寫的，因此同樣具有效力，方便性與速度快上不只一截！

在上一節教大家如何在 PDF 上簽名，以及在前面教管理照片的章節時，都曾經提過「標示」這個工具。透過標示工具，你可以在照片或 PDF 檔上面加字、畫圈圈、畫箭頭，甚至進行簡單的修圖、去背等等，在 Mac 裡堪稱是「強化版小畫家」的存在，只要能夠用預覽程式開啟的檔案，無論是圖檔或是 PDF 檔都可以使用標示工具來編輯。

點預覽程式右上角的「標示」，就可以叫出標示工具列。以下功能除了「修圖」、「縮放」以及「去背」是圖檔專屬之外，其他的功能都是 PDF 和圖檔皆可使用。

一、在圖片上畫圖、箭頭、對話框等等

1 標示工具左邊有「塗鴉」以及「繪圖」兩種工具，都可以直接在圖片上面畫畫。點「塗鴉」工具，並在圖上畫一個箭頭。 此時可以看到左側跑出一個選單，問你要保留原本畫的圖，還是要把這張圖改變為箭頭；這是因為預覽程式偵測到你畫的東西很類似於箭頭的形狀，所以詢問你是否要更改為標準箭頭的樣式，非常聰明！

2 點一下選單中的箭頭圖示，剛剛畫的手寫風箭頭就被轉換了。

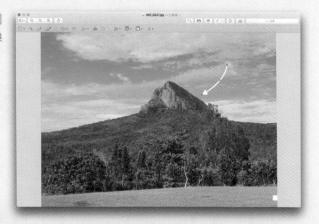

3 先前已經有提過，標示工具列分為左右兩側，左側是各種繪圖工具，右側是編輯顏色、字型、筆刷的地方，因此我要更改箭頭的粗細或顏色的話，就要在右側的工具列進行。

4 同理，也可以透過左側工具列加上形狀、文字框等等。

二、透過預覽程式裁剪、修剪圖片

在「照片」App 裡可以直接使用修圖功能，在預覽程式裡也可以。

1 點一下標示工具列裡的「調整顏色」按鍵，就可以叫出修圖面板。在修圖面板中可以調整色溫、曝光、對比或色階等等。

2 標示工具列的最左側，有一個「選取工具」，裡面有矩形、橢圓、套索以及智慧型套索等工具。在圖片上利用選取工具選擇一個範圍。

3 若是按下 Delete，就會把圖片裡的選取範圍刪除，變成「透明」，同時圖片也會存為 png 檔（PNG才支援透明像素）。

4 若想把選取範圍保留，其他區域刪除，可以選標示工具列上的「剪裁」按鈕。

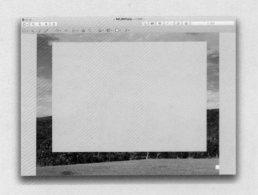

三、透過預覽程式去背

預覽程式也是可以去背的，但畢竟是功能有限的軟體，去背的方式只有透過類似「魔術棒」的工具，一次選取顏色相近的範圍並刪除，所以去背時最好選擇物件與背景顏色差異大的照片來修。

1 點一下標示工具列的「立即 Alpha」按鈕，並點住背景不放，此時被紅色區域反白起來的就是顏色相近的選取範圍。

2 把滑鼠緩慢的拖移，可以看到選取範圍越來越廣。

3 等到適合的區域都被選取起來後，按下 Delete 就完成去背了。

四、縮放圖片

最後一個常用功能介紹，就是如何用預覽程式來縮放、壓縮圖片大小。點一下標示工具列上的「調整大小」按鈕，輸入長寬後就可以進行縮圖。若是勾選「依比例縮放」，圖片就會成比例縮小，不會壓縮長寬。

Skill 9-4

MAC 超密技！
如何合併、分割 PDF 檔案？

什麼時候會需要合併、分割 PDF 檔？當你在寫報告時，可以一次一個章節慢慢寫，寫完之後再利用預覽程式的合併功能把它們通通合併成一個大的 PDF；或是你在閱讀一本電子書，其中有幾頁特別有感，就可以用分割功能把它們拉出來變成獨立的 PDF。

如何合併兩個 PDF 檔案？

1 如圖，現在同時開啟兩個 PDF 檔案，這時在側邊欄開啟「縮覽圖」模式。

2 在縮圖中選取你要合併過去的頁面，並直接拖曳過去即可。

3 這樣一來那幾頁 PDF 就被合併到新的 PDF 檔案中了，按下 Command + S 存檔就完成了兩份 PDF 的合併。

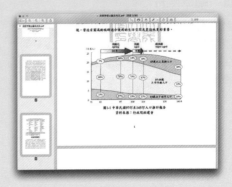

如何刪除 PDF 裡面的頁面？

要刪除 PDF 的頁面也很容易，在縮圖上選取特定的頁數直接按 Delete 即可（左圖），右圖為完成刪除。

刪除時請小心，因為一旦你存檔並關閉這份 PDF 後，就沒辦法再復原已經刪除的頁面了！被刪除的 PDF 頁面不會跑到垃圾桶裡喔！

NOTE.

對於重要的檔案，我都習慣存放在 Dropbox 上，除了可以多裝置同步以外，也有版本管理的優點，如果誤刪或誤編輯了檔案可以藉由 Dropbox 回復到舊的版本。

如何將特定頁面分離出來？

1 在縮覽圖模式中，把左側的縮圖選取起來。

2 直接拉到 Finder 上，這些頁面就會被另存為一個「XXX（已拖移)」的檔案。

 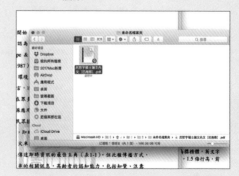

當你要把一份 PDF 檔寄給他人，但附件檔案太大而無法夾帶時，就可以利用這招來減少 PDF 檔案的大小。

 先用預覽程式開啟 PDF 後，點「檔案」>「輸出」。

在「Quartz 濾鏡」的選單中，選「Reduce File Size」。

輸出後的檔案同樣會是 PDF，但由於壓縮了圖片品質，因此可以大幅減少檔案大小。像是本範例中 9MB 的檔案就被壓縮到了只剩 4MB。

🍎 圖片轉檔、PDF 轉檔

預覽程式也可以將 PDF 轉成 JPG 檔，圖片也可以在 PNG、JPEG、TIFF 之間等各種格式轉換。一樣到「檔案」>「輸出」，在「格式」選單中就可以選擇其他格式即可。

要把 PDF 轉存為 JPG 只能一頁一頁進行，沒辦法一次將整份 PDF 一次轉為圖檔。在左欄的預縮圖中選取要轉換的頁面，再進行上述步驟即可。

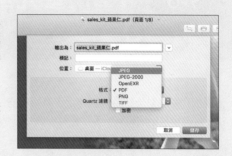

🍎 轉存 PDF 時加上密碼

1 PDF 檔案是可以上鎖的，選取「檔案」>「輸出為 PDF」，並點選「顯示詳細資訊」。

2 在詳細資訊中輸入密碼及確認密碼即可。

3 同樣的功能，在另存新檔或是「輸出」時也可以使用，只要勾選「加密」方塊即可。

4 加密過後的 PDF 連縮圖也不會出現，打開後需輸入密碼才能看到內容。

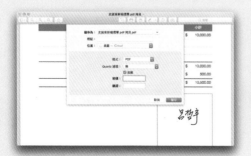

預覽程式有個對於學生來說非常實用的功能，那就是「螢光筆劃記」。預覽程式中內建有五個顏色，且每個標記的重點都像是書籤一樣，可以直接前往劃記的頁面。

1 反白 PDF 文字後，在工具列的「重點」功能旁的選單中選擇螢光筆的顏色，按一下筆的圖示後，就可以直接在文字上畫重點。

2 反白文字後，也可以按右鍵選擇螢光筆顏色。

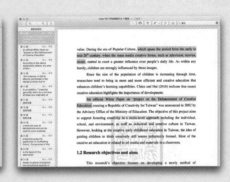

3 在預覽程式中的「顯示方式選單」中選擇「重點與筆記」，直接前往劃記的頁面。

4 左側選單會根據不同顏色，自動幫你分類好所有重點了。

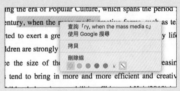

Skill 9-7

MAC 超密技!
使用放大鏡閱讀 PDF

要放大 PDF 檔的內文，除了可以用先前教過的「Command ＋ "+"」、「Command ＋ "-"」以外，也有一個實用的功能「放大鏡」。放大鏡可以放大局部，讓你在不影響整頁的閱讀前提下看得更清楚。

1 開啟放大鏡，可以在工具列上點「顯示放大鏡」的按鈕，或點「工具」>「顯示放大鏡」。

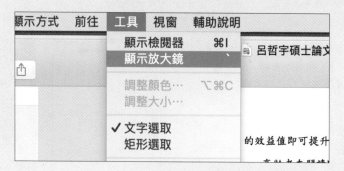

2 這時滑鼠就會變成一個矩形的放大鏡，方便閱讀了！要離開放大鏡模式，點 esc 鈕退出即可。

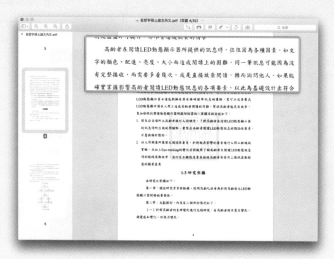

現在你已經知道如何在 Mac 上管理 PDF 文件了，那麼接下來的問題，就是怎麼把紙本文件變成數位版，方便在 Mac 上編輯管理呢？如果你的手機是 iPhone 的話，這也不成問題！甚至連文字辨識都幫你包了！以下就介紹幾個 iOS 上常用的掃描器 App。

一、Dropbox 掃描完直接上傳

Dropbox iOS App 本身也內建掃描器的功能，這樣的好處是可以拍照、掃描完畢後就直接上傳並在 Mac 上取用，不必再把同一份檔案在 iPhone 內傳來傳去了。

1 打開 Dropbox App，點底下的「＋」，就可以看到「掃描文件」的選項。

2 之後便會開啟相機，相機畫面會自動偵測文件的邊界範圍，所以要把文件放在跟背景差異比較大的地方好讓 App 辨識；拍照完畢後，App 會自動把圖像拉平並調整對比，變成掃描檔。

3 點中間下方的按鈕，可以編輯對比、黑白或彩色以及文件邊界等等，完成後選擇要上傳 PNG 或 PDF 檔，就可以直接上傳到 Dropbox 內，並從 Mac 直接取用了。

二、Office Lens：支援文字辨識的掃描 App

這款 Office Lens 是由微軟推出的掃描機 App，最大的特色就是支援 OCR（光學文字辨識），也就是說可以將圖片裡的一個個文字轉為文字檔案，這樣不僅可以把紙本文件數位化，還可以複製裡面的文字出來，非常方便！

1 打開 Office Lens 直接進入拍照模式，底下可以選擇你要拍的是白板、文件或是照片。

2 拍攝完成後，一樣會將圖片拉平。左下角有一個「+1」，意思是這份 PDF 檔目前只有一頁。如果想要拍攝其他文件並全部集結成一份 PDF 的話，就點一下左下角，反之就點右上角的「完成」即可。之後，在「匯出至」的頁面中選擇底下的「PDF」。

3 這樣就會將這份 PDF 檔存在 Office Lens 裡面了。用 AirDrop 等方式可以把手機裡的檔案抓到電腦內。從下圖可以看到，裡面的文字已被辨識為文字格式，可以反白、複製。

三、iOS 11 的備忘錄也支援掃描文件

在 iOS 11 的備忘錄中,也有掃描文件的功能。好處是完全不用下載第三方 App,而且透過接續互通功能,與 Mac 上的備忘錄內容也可以達到無縫同步。

1 打開備忘錄,點「＋」圖示即可選擇「掃描文件」。

2 拍照完成後,圖片就會自動加入備忘錄內。

以上介紹了三個把紙本檔案數位化的 App,且各有其優點:Dropbox 掃描後直接上傳,而且有跨裝置的優點;Office Lens 支援文字辨識,可以把紙本裡的字直接複製出來貼到 Pages 裡;iOS 內建的備忘錄則是快,透過接續互通可以將檔案直接丟到 Mac 上,無需任何其他步驟。

CHAPTER 10

Automator 機器人，幫你處理機械性工作

MAC 超密技！
Automator，自製一套專屬你的
服務及工作流程

無論是剛加入 Mac 的新手或是已經使用 Mac 多年的老手，你是否有注意過 Mac 裡有「Automator」這個程式？

Automator 是一個自動化輔助程式，早在 Mac OS X 10.4 Tiger 的時候就存在於 Mac 系統的預設軟體內了。它的任務就是幫你做一些繁雜且大量，需要花時間的工作，也能在 Mac 中增加屬於你自己獨一無二的客制化服務，將這些複雜的工作交給 Automator 來完成，必定在工作上節省不少時間。

Automator 介面介紹

一打開 Automator 後，第一個步驟就是選擇你的文件類型。其中「工作流程」應該是我們最常會用到的，有大量文件需要編輯時，只要將檔案丟進工作流程中，不但能夠快速的完成編輯，還可以進行一些比較複雜的編輯，在後面的章節中我們會更詳細的介紹該怎麼使用。

選擇完文件類型後，接下來就是賦予它功能的時候了，這邊可以看到它的介面分佈如圖。

左邊這塊放的就是 Automator 內建程式庫，也就是它內建已經幫你想好可能會用到的功能，右邊這塊則是工作流程區，專門拿來放左邊程式庫裡的功能。

在工作流程區中，程式庫的功能是可以堆疊使用的，只要將旁邊程式庫的功能拖進工作流程區，Automator 就會按照你功能排放的順序下去執行工作，這樣一來，如果有需要進行多次編輯的文件，只要先將 Automator 設定好，再將文件丟進去，Automator 就會依照工作流程一次幫你完成，這樣就不需要自己一次一次的慢慢編輯所有的文件了，如果有大量的文件需要編輯，更應該使用 Automator 來幫你執行。

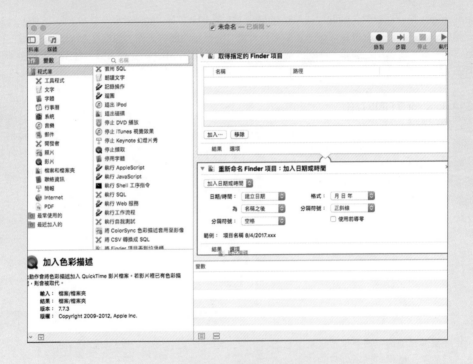

無論我們最剛開始設定的是什麼類型的文件，在這邊我們都可以使用右上角的「執行」，來先測試我們的工作流程做出來是否有作用，或者做出來是否是我們想要的功能。

接下來後面的章節中，將會告訴你哪些實用的 Automator 功能可以為你增加工作效率還有提升 Mac 的方便性。

MAC 超密技！
建立 App 快速鍵

雖然 App 可以在 Launchpad 中及 Dock 上快速地開啟，但如果是很常用的 App，說不定我們為它設一個快速鍵，能夠幫助我們更快速地開啟它，雖然在鍵盤快速鍵的設定中就可以直接設定 App 的快速鍵了，但是如果你同時要開啟 2 個以上的 App，或者做其他更多的變化，例如：我工作會同時用到 Pages、PhotoShop、Safari，我需要將它們同時開啟，這時候透過 Automator 製作一套流程會是最快的方法。而且不論在任何的頁面上都能透過這組快速鍵來開啟你要的 App。

製作開啟 App 的服務選項

在為 App 設定快速鍵之前，我們要先設定「我們要開啟的 App」，這時候就是 Automator 出場的時候了。

1 打開 Automator 後，我們先選擇「服務」的文件類型。

2 接下來在左側程式庫的「工具程式」選項中，我們可以找到「啟動應用程式」的選項，將它拖進右側的工作排程區中，這邊不只可以拖進一個「啟動應用程式」的功能，需要同時開啟幾個 App 就多放幾個進去，這樣一來一組快速鍵就可以同時開啟多個 App 了。

3 在「啟動應用程式」的工作流程中，可以選擇你要開啟的 App。

4 設定完你要開啟的 App 後，將上面的「服務接收」設定為「沒有輸入項目」，位置的部分則保持在「任何應用程式」的部分不要更動。

5 完成後，按下「command ⌘ + S」來儲存我們所製作的服務選項，別忘了幫它取一個跟功能相關的名字以便辨識。

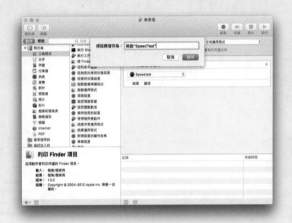

6 儲存完後，你會發現無論在哪個應用程式中，都可以在左上角應用程式選單列的「服務」選項中，看到我們剛剛製作的選項，這也是為什麼無論在什麼頁面中我們都可以透過快速鍵來開啟 App 的原因。

為服務選項設定快速鍵

前面我們已經做好開啟 App 的服務選項了，接下來我們則要為它設定一組「快速鍵」來觸發我們做好的服務選項。首先我們先進到「系統偏好設定」，然後選擇「鍵盤」。

接下來切換到「快速鍵」的頁面，再將左側選單切到「服務」的選項，在右側的框框滑到最底就可以看到我們剛剛製作的「服務」了，點一下剛剛製作的服務選項後，會出現「加入快速鍵」的按鍵。

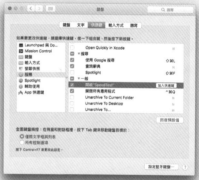

按下「加入快速鍵」後，按鈕會變成一個空白框，這時只要在鍵盤上同時按下要設為快速鍵的按鍵，就完成快速鍵的設定了。這邊要記得，不要設定到已經有功能的按鍵組合，否則可能會發生功能上的衝突。

完成設定後，無論在哪個頁面，只要按下我們剛剛所設定的那組快速鍵，就可以快速的開啟我們要的 App 了。

有時候 Mac 同時執行很多程式時，我們會想將所有它們全都關閉，除了一個一個去點或者重複按著 command + Q 將它們通通關閉，也可以利用 Automator 製作一個應用程式，就可以幫你一次關閉所有應用程式了。

製作關閉所有程式的應用程式

我們這邊所提到的應用程式，其實就是 Automator 的執行檔，製作出來的「應用程式」點下去後就會開始執行我們所設定的指令，不會像工作流程一樣先打開 Automator 再由我們按下「執行」才開始運作我們所設定的功能，簡單來說，我們以「應用程式」的方式下去執行指令，Automator 是不會被開啟的。

1 首先我們進入 Automator 後，選擇「應用程式」的文件類型。

2 接下來，我們可以在左側程式庫中「工具程式」的選項中，找到「結束所有應用程式」，將它拖進右側的工作排程區。

3 「結束所有應用程式」這邊可以選擇你不要關閉的 App，可以避免誤關一些必須保留的程式。

4 設定完成後，按下「Command + S」來儲存應用程式，別忘了將它取一個跟功能相關的名稱，存放位置的部分建議儲存在「桌面」這種比較好找，一眼就能看到的位置。

5 儲存完成後，我們就可以在桌面上看到我們剛剛製作的應用程式了，點兩下它就會為你執行「關閉所有應用程式」的工作了。

幫應用程式建立快速鍵

如果要關閉所有程式，還要先回到桌面才能執行，就有點失去它的快速性了，這時候我們只要幫它設定一組快速鍵，就可以透過簡單的鍵盤組合來關閉所有應用程式了。

1 這邊我們先開啟「系統偏好設定」，選擇「鍵盤」。

2 接下來切換到「快速鍵」的頁面，並於左邊的選單選擇「App 快速鍵」，按一下右邊框框下的「+」。

3 這邊選擇我們剛剛製作的「應用程式」，因為使用 Automator 做出來的應用程式會是 .app 檔，所以會直接出現在應用程式的選單中，如果沒有看到我們剛剛所製作的應用程式，也可以用最下面的「其他……」來加入。

4 選擇完成後，這邊幫它取一個跟功能相關的名稱，鍵盤快速鍵的部分則只要先點一下，然後直接在鍵盤上按下你要當作快速鍵的按鍵組合，再點一下「加入」，就完成了。這邊一樣要注意，不要將已經有功能的按鍵組合重複使用，否則可能會沒有作用或造成系統指令的衝突。

MAC 超密技！
影像批次轉檔

當我們要上傳圖片到網站或某些網頁時，可能就會遇到「格式不符」的問題，或者我們有些圖片的檔案格式容量太大了，需要轉檔，這時候我們就可以利用 Automator 內建的「變更影像類型」功能來將圖片轉為一般比較常見的格式，而且如果有大量的圖片需要轉檔，也能在短短的時間內快速完成。

建立「變更影像類型」的工作流程

如果有大量的圖片需要轉檔，我建議最好都用「工作流程」的文件類型，因為這樣可以直接在工作流程中設定你要轉出的檔案格式，還可以同時進行其他編輯，就算檔案來源是不同的檔案夾也可以一次搞定。

1 首先，我們打開 Automator 後選擇「工作流程」的文件類型。

2 接下來在左側程式庫「檔案和檔案夾」的類型中，找到「取得指定的 Finder 項目」並拖入右側的工作排程區。

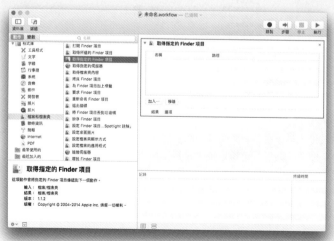

3 再來，從左側程式庫的「照片」類型中，找到「變更影像類型」並拖入右側的工作排程區中。

4 這時候 Automator 會問你是否要加入「拷貝 Finder 項目」的動作，這邊你如果想要保存原檔的話，可以選擇「加入」，不過我個人是偏好直接對原檔進行編輯，所以我會選擇「不要加入」。

5 加入後，可以在「變更影像類型」的地方設定你要的類型。這邊只提供幾種比較常見且較為通用的檔案類型可以做選擇。

6 選擇完成後，就可以將我們要進行轉檔的圖片直接拖進「取得指定 Finder 項目」的工作欄中。

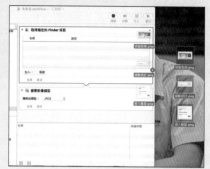

7 拖進去後，確認你要轉成的檔案類型是否正確，確認後按下右上角「執行」開始進行轉檔的動作。

8 執行完成後，可以看到原本檔案的類型都轉好了。Automator 右下角可以看到我們剛剛的設定流程的工作過程及進度。

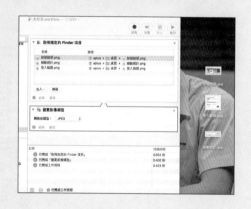

9 最後，如果很常有圖片需要轉檔的話，可以將我們剛剛製作的工作流程儲存起來。按下「command ⌘ + S」來儲存工作流程，別忘了將它取一個跟功能相關的名字，位置則存放在自己記得的位置即可。

儲存起來的工作流程不但可以在原本的 Mac 上使用，也能分享給朋友或其他台 Mac 作為使用。

每次要對圖片進行一些簡單的編輯（例如：旋轉影像），都要打開預覽程式再進行編輯是件麻煩事，這時候我們就可以透過 Automator 自製右鍵的服務功能選單。這樣一來，不但可以快速的對圖片進行編輯，如果使用複選也可以快速地對大量圖片進行編輯。

使用 Automator 製作服務選項

Automator 內建許多圖片的編輯功能，包含了翻轉、裁切、縮放⋯⋯等眾多功能，雖然有很多不同的功能，但製作服務的方式都一樣，所以這邊我們先用「旋轉影像」的功能作為示範。

1 打開 Automator 後選擇「服務」的文件類型。

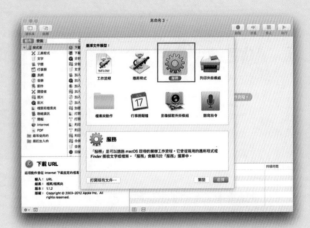

2 接下來將服務接收的選項設定為「影像檔案」，服務選項出現的位置則選擇為「Finder」，這樣一來服務選項就可以依照檔案的類型出現，比較不怕服務選單變得很長。

3 接下來在左側程式庫的「照片」中找到「旋轉影像」的選項，並將它拖入右側的工作排程區中。

4 拖進去後，Automator 會問你是否要加入拷貝項目的選項，這邊建議選擇「不要加入」，我們直接編輯原檔就好，這樣也不怕檔案重複不易整理。

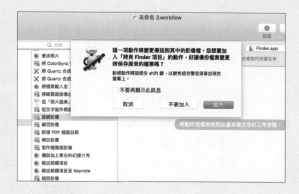

5 拖進去後，在旋轉影像的工作流程中可以設定選轉方向。

6 完成後，按下「command ⌘ ＋ S」來儲存服務，一樣別忘了幫它取一個跟功能相關的名字。

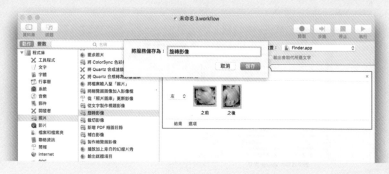

7 儲存完成後，不論我們在桌面或者 Finder 中，在右鍵的服務選單中都可以找到我們剛剛所製作的服務選項。

使用工作流程的方式進行大量編輯

如果我今天有很多影像，而且可能來自不同的檔案夾，但全部都需要進行編輯，除了一個一個檔案夾下去複選再旋轉，有沒有更快的方式？當然有，這時候我們就可以利用工作流程的方式來解決，而且這樣的方式還可以同時對檔案進行多種的編輯。

1 首先我們打開 Automator，開啟後選擇「工作流程」的文件類型。

2 接下來從左側程式庫的「檔案和檔案夾」中，找到「取得指定的 Finder 項目」並拖進右側的工作排程區。

3 再來，跟前面一樣從程式庫的「照片」中找到「旋轉影像」的選項並拖入右側的工作排程區。

4 Automator 這時候一樣會問你要不要加入「拷貝 Finder 項目」的動作，為了避免檔案重複不易整理，這邊我們建議選擇「不要加入」。

5 接下來這個工作流程就可以使用了，將你要編輯的影像拖進「取得指定的 Finder 項目」裡，不論檔案來源為何，全部都可以放進去。選擇完要編輯的影像後，按一下右上角的「執行」。

6 執行完成後，原檔就會編輯完成了。

Automator 要怎麼搭配行事曆做使用？其實很簡單，我們只要使用 Automator 做一個應用程式，
再利用行事曆設定一個時間來觸發我們做的應用程式，簡單來說就是幫你把每天例行公事的工作
流程簡化，我們只需要設定好時間，它就會幫你完成了，例如：自動傳送每天的工作進度表。

使用 Automator 製作應用程式 自動準備傳送的內容

就拿我舉例的「自動傳送每天的工作進度表」來說，我們要怎麼讓 Mac 自動準備好我們要傳送的
東西？

1 首先，開啟 Automator
後，我們先選擇「應用程
式」的文件類型。

2 接下來，在左側程式庫的「檔案及檔案夾」中找到「取得指定的 Finder 項目」，加入右
側的工作流程區，按一下「加入」，就可以加入檔案到我們等一下的郵件裡。

3 這邊可以選擇我們要在郵件中附上的檔案，建議每天要傳送的檔案都直接用同一份進行編輯，這樣 Automator 就可以直接抓取檔案。

4 再來，從左側程式庫的「郵件」中，找到「新增郵件」並加入右側的工作排程區中。

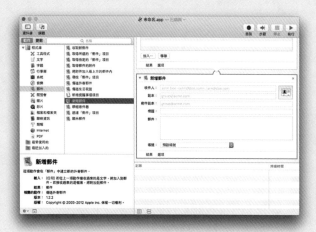

5 這邊可以輸入郵件的寄件者、標題還有要傳送的內容。

6 最後別忘了加入「傳送外寄郵件」的功能，否則我們前面準備好的內容都沒有辦法傳出去。

7 完成後，按一下「command ⌘ + S」來儲存這個應用程式，位置可以選一個自己好記又不會誤觸的地方。

設定行事曆開啟「應用程式」的時機

最後，我們只要在行事曆設定一個行程，時間一到就會運作我們剛剛製作的應用程式，這樣只要排定好行程，Automator 就會幫你傳送郵件，也不怕遺漏了每天該做的重要行程。

別忘了將「提示」的部分設定為「自訂」，並將「打開檔案」的部分設定為我們剛剛製作的應用程式。

這邊有一點要注意的是：Mac 一定要保持著開機的狀態才有辦法幫你完成設定的工作，如果是關機的狀態，行事曆就沒有辦法存取我們所製作的應用程式來幫你寄信了。

CHAPTER 11

郵件

相信大家都會有超過兩個以上的電子信箱帳號，Mac 內建的「郵件」就可以幫你將所有的帳號整合在同一個地方，這樣一來就不需要每個帳號都要在不同的平台上登入才能查看。

如何在 Mac 中登入不同平台的電子郵件

雖然在 Mac 上要登入帳號的路徑很多，但我們這邊直接舉一種最快的方式來說明，對於之後的章節設定也會比較方便。

1 首先我們先進入「系統偏好設定」，並選擇「Internet 帳號」。

2 進入之後我們就可以新增各種平台的帳號，剛開啟的時候在右側會出現各平台的 Logo，按一下就可以直接加入帳號。

如果不是出現這樣的畫面，則只要按一下左下角的「+」即可。

3 如果你的帳號是企業帳號或者沒有出現在系統預設提供的平台中，則可以選擇「加入其他帳號」，點選之後可以依照你需要的帳號類型加入。

輸入完帳號的資訊並登入後，系統會問要你「選擇您要用於此帳號的 App」，這邊建議可以全部勾選，在後面的章節中我們將會告訴你這些功能還能怎麼應用、有什麼樣的功能是比較實用的，但還是可以依照個人需求做調整。

4 如果現在不想加入這些功能也沒關係，之後還是可以在這裡對帳號進行設定。 因為帳號類型的不同可能會造成部分的功能無法使用，但常見的帳號類型基本上都可以使用這些功能。

在上一章設定的「選擇您要用於此帳號的 App」這個步驟，建議大家將所有項目都勾選。這其中就包含了「聯絡人」，只要將這個選項打開，就可以在使用時快速的存取各個帳號上的聯絡資訊。

1 如果先前設定的時候沒有打開「聯絡人」的選項，我們隨時可以在「系統偏好設定」>「Internet 帳號」>「你要加入的帳號」中設定。

2 舉例來說，如果我們今天要開會，當我在行事曆中新增行程的時候，就可以快速的在行事曆中取得聯絡資訊，邀請需要參加會議的對象，傳送邀請後，對方就會在信箱中收到一封行程邀請的郵件。

Skill 11-3

MAC 超密技！

郵件與行事曆整合

無論在工作上或者生活上，總是會有各種不同的行程及邀約。這些行程或邀約，可能會來自不同的信箱帳號，如果我們將郵件信箱與行事曆整合，就可以直接在行事曆中看到來自不同帳號的邀約及行程，也能夠避免行程的遺漏。

如何將郵件上的行程加入行事曆？

1 如果對方是使用行事曆邀請你加入行程的話，我們就會收到一封行事曆的邀請郵件，這種格式的郵件，我們可以直接選擇是否要加入行程到行事曆。

2 如果對方是手動用輸入的方式撰寫邀請，則可以點郵件上的行程時間來手動加入行程到行事曆。

MAC 超密技！
整理郵件的最佳方法：
「完成封存」、「用不到刪除」

信箱用久了，除了該收的重要信件外，可能還會出現一些廣告的信件，為了不讓我們的信箱太雜亂，我們可以使用這樣的方式整理信箱。

一、完成封存

工作上的信件或重要的信件在閱讀完、回覆完或者將事情完成後，將信「封存」，這樣一來收件夾就不會堆滿一堆不知道是完成了還是沒完成的信件，不過建議不要將信件刪除，這樣一來萬一未來在工作上或重要的事出現問題，我們還有當時的信件可以查證。

二、用不到刪除

像廣告或者社交通知這類我們用不到的郵件，不要將這類型的信件封存，因為封存放的是我們已完成的信件，這類的廣告信件並沒有封存的價值，就算放進封存，我們將來也不會點開來看，所以直接將它刪除就好。

封存與刪除的差異在哪？

封存是將信件收到「封存郵件」的信件匣中，這些封存的郵件還是會存在於你的信箱中，如果有一天我們需要用到某一封已封存的郵件，我們可以隨時將它移回一般的信件匣，所以可能還有用處的信件，在完成後我們會將它封存而非刪除；刪除則是將信件完全的移除，通常我們用不到的信件，會將它直接刪除。

如果誤把信件刪除了，我們可以試著看看看垃圾桶裡面還有沒有已刪除的郵件，如果不小心將垃圾桶也清空了，那麼那封郵件就真的就不回來了。

在 Mac 的郵件中，就像在 Finder 一樣，具有顏色標記的功能，在郵件中我們將「標記」稱為「旗標」。

1 在郵件的側邊欄中可以看到「已加上旗標」的部分顯示我們已經使用的顏色，點進去就可以看到被分類在該顏色旗標的部分，我自己的分類主要是分為「工作」跟「紅色（急件）」兩種，如果再分細一點還可以加入「私人」、「重要信件」等……分類，建議大家可以利用這種分類方式來歸類，也可以避免重要的事被遺忘、急件處理得太慢這些狀況的發生。

2 在側邊欄中，在顏色分類上點一下右鍵，可以將顏色的分類重新命名。

MAC 超密技！
自動化過濾垃圾郵件

Email 帳號用久了，收到一些垃圾信件也是難免的，如果希望這些垃圾信件不要跑到收件匣擾亂我們工作的話，可以把內建的「垃圾郵件過濾功能」開啟，這樣一來當收到垃圾信件時，郵件就會自動把它丟到垃圾郵件的信件匣了。

1 在郵件的選單列中，選擇「郵件」>「偏好設定」，在「垃圾郵件」的標籤中將「啟用垃圾郵件過濾功能」的選項打勾。這時，進一步設定歸類為垃圾郵件的規則還有垃圾郵件的處理方式，將「當收到垃圾郵件時：」的選項設為「執行自訂動作」，再從「進階」選項中調整。

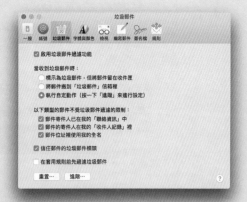

2 如下圖，當郵件不符合上方選單的條件時，就會進行下方選單的動作。像是當寄件者不在聯絡資訊中、不在我的收件人紀錄裡時，就將郵件搬移到某個信箱。

Skill 11-7

MAC 超密技！
在郵件內對文件、影像進行標示

無論是與客戶或同事之間，使用郵件時可能會夾帶一些圖片或是文件，當我們要對這些文件進行一些標注或說明時，我們不需要將檔案下載下來，再使用預覽程式進行標注，在郵件中其實就包含了「預覽程式」可以對圖片及文件進行標示的功能。

1 我們可以在郵件中對這些檔案直接進行標注。

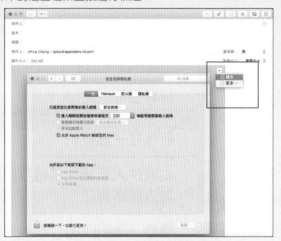

2 這時要在郵件內的圖片上字、加方框等等，都可以用類似於「預覽程式」裡的編輯功能，更詳盡的操作說明可以見編輯 PDF、照片的章節。

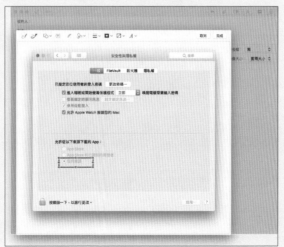

有些重要信件是千萬不能錯過的，例如：大老闆、主管、重要客戶……等，為了避免我們遺漏了這些信件，我們可以將他們的郵件地址加入「VIP」，這樣一來就會在郵件中為這些人在側邊欄中新增每個人專屬的分類，可以在側邊欄中直接看到 VIP 聯絡人的來信，也能避免這些重要信件在收件匣中石沉大海。

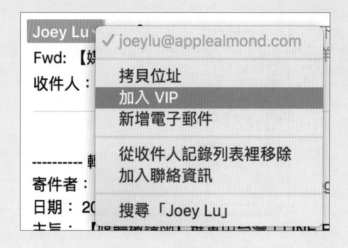

Skill 11-9

MAC 超密技！
在郵件中夾帶大型檔案

使用內建的 Mail Drop 功能

當我們在郵件中要傳送的附件大於檔案限制怎麼辦？在 Mac 內建的郵件中具有「Mail Drop」這項功能，在「郵件」>「偏好設定」>「帳號」>「你要傳送郵件的帳號」>「使用 Mail Drop 傳送大型附件」可以開啟這項功能。

當我們傳送的檔案大小超出限制時，郵件就會自動將檔案傳送到 iCloud 上的暫存空間並產生連結，傳送給收件者，如果對方也是使用 Mac，則可以直接在郵件中下載檔案。Mail Drop 的功能並沒有侷限於 iCloud 可以使用，所有的信箱帳號皆可以使用 Mail Drop 的功能。

非一次性檔案使用連結方式傳送

如果我們今天要傳送的是非一次性使用的檔案，例如：正在校稿的文件、還在編輯的報表，我們就可以使用連結的方式傳送。就像 iWork 的協作功能，可以將對方加入協作並產生連結傳送給對方，如果是 Office 文件或其他格式的文件，則可以將檔案上傳到「Google Drive」、「Dropbox」這些第三方雲端，這樣一來就可以避免每個人手上握有不同版本的檔案，使用協作的方式還可以減少重複下載的次數。

當放長假或出差時，如果想要避免有寄件者因為沒收到回覆而一直寄信到你的 iCloud 信箱時，我們可以利用網頁版的 iCloud 設定郵件的自動回覆功能，告知對方你現在不在，順便附上代理人的聯絡資訊，如果對方有重要的事情也能請人代為處理！

1 我們可以到「iCloud.com」>「郵件」>「左下角設定符號」>「偏好設定」>「休假」，將「當收到郵件時自動回覆」的選項打開。

2 接著設定你不在的期間並輸入你要自動回覆的內容，如果不確定是哪段時間不在，可以不用輸入結束日期，使用手動的方式進行開關。當出差或休假結束時記得檢查這項功能是否關閉，避免寄件者寄信時繼續收到你不在的訊息。

CHAPTER 12

Safari
上網技巧

MAC 超密技！

Safari：蘋果人必用瀏覽器

剛從 Windows 跳槽到蘋果的朋友，大多還是習慣使用 Chrome 吧！但 Chrome 相較 Safari 較吃記憶體，與 iOS 的整合較差，既然都用 Mac 了，還是建議大家試試看 Safari 這款輕量速度又快的內建瀏覽器！在 Safari 上同樣有安裝外掛的功能，與 iCloud 搭配，還可以在 Mac、iOS 之間無縫切換現在正在閱讀的網頁（請見 iCloud 章節介紹 Handoff 的部分）。

速度方面，Safari 也經歷過多次優化，就我個人的感受已經完全不輸 Chrome 了，在新版的 macOS 上還支援非常方便的「子母畫面」功能。以下章節我們將一一介紹這些功能，首先，就先從大家最在意的外掛開始介紹起！

在 Safari 上安裝外掛

1 在官方的網頁上面（https:// safari-extensions.apple. com）就有許多 Safari 的外掛，甚至在 Mac App Store 中也有，按下網頁中的「Install Now」就立即安裝。這些插件的來源都是蘋果官方背書過的，所以安全性就不用太擔心了。

2 安裝完畢的外掛會顯示在 Safari 的上方，點一下右鍵叫出「自訂工具列」就可以安排這些外掛以及內建工具的位置，許多蘋果內建的 App 都是這樣操作的，相信各位閱讀本書至此應該都已經知道了。

3 如果要移除外掛，請用快速鍵「Command＋,」叫出 Safari 的偏好設定，在「延伸功能」分類中就可以針對每個外掛做設定，點「解除安裝」即可移除。

了解完 Safari 的外掛怎麼安裝，接下來就來看看有哪些推薦的外掛吧！

Pocket：最方便的稍後閱讀工具

安裝網址：https://goo.gl/tfznrY

Pocket 是一款「稍後閱讀」工具，只要在某個網頁上點一下 Pocket 的插件按鈕，就可以把這頁存到你的 Pocket，有點類似內建的書籤功能；但 Pocket 在這方面做得更好，它會根據你所儲存的網頁判斷出你的喜好，並在首頁推薦你類似的內容，算是一個針對你量身打造的新聞推送系統。

除此之外，Pocket 也有 iOS 版，支援 iOS Safari 的外掛插件，因此在電腦上看文章看到一半，想存到 Pocket 方便在通勤路上用 iPhone 看，或是到了公司用 Windows 開啟都可以。

要儲存網頁，只要在 Safari 上點一下 Pocket 的按鍵即可，可以在跳出來的視窗中輸入 Tag 為這篇文章分類。

存下來的文章，會在自己的 Pocket 網頁；或是在 iPhone 上下載 Pocket App 也可以。

Shortly：縮網址外掛

安裝網址：https://goo.gl/5TN9tS
要把又臭又長的網址縮短，可以用 goo.gl、bit.ly 等縮網址服務，在 Safari 上，可以直接安裝 Shortly 這個外掛。

1 安裝完成後，在想要縮短網址的頁面點一下按鈕即可。

2 在按鈕上長按不放，可以選擇要用哪種縮網址服務。

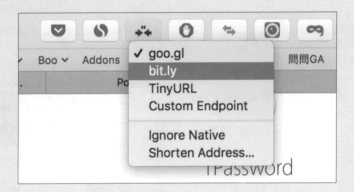

AdBlock：擋廣告外掛

安裝網址：https://goo.gl/DvEbww
這個外掛應該不用多做解釋了，應該也是所有人第一個安裝的外掛吧；AdBlock 可以把網頁的廣告排除，留下單純的內容，但對於這個需求，也可以透過之後介紹的「閱讀器」來達成，而且效果更好！

Awesome Screenshot：網頁截圖工具

安裝網址：https://goo.gl/0VLomu
這款工具讓你可以一次截下整個網頁的畫面；並做簡單的上字、畫圖之後存檔。在 iOS 上也有推出 iOS Safari 插件可以下載，直接至 iOS App Store 搜尋「Awesome Screenshot for Safari」即可。

1 點一下 Awesome Screenshot 按鍵，可以選擇截下目前顯示的網頁、選取的範圍或是整個網頁，但基本上前兩個功能用 Mac 內建的截圖工具就可以了，所以我們選「Capture Entire Page（整頁截圖）」。

2 完成之後就會跳到 Awesome Screenshot 的編輯頁，頂端有一些上字畫圖的工具，完成後點「Done」。

3 之後需要在圖片上按右鍵儲存圖片才行。

Translate：一鍵翻譯外掛

安裝網址：https://goo.gl/FJZ2SR
顧名思義，在外文網頁上按一下外掛按鍵就可以翻譯為指定的語言，提供 Google 翻譯、Bing 翻譯以及 Yodex 翻譯等等。在外掛按鈕上長按不放即可開啟選單。

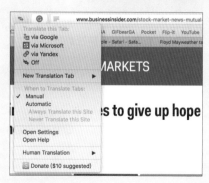

Grammarly：自動檢查 Email、發文裡的用詞 / 文法錯誤

安裝網址：https://goo.gl/foPY0t

這功能真的非常實用！安裝了 Grammarly 外掛後，它就會自動在你打字的地方，包括 facebook 貼文、文章編輯器、Email 裡檢查文法或拼字錯誤，有點類似 Windows Office 裡面的紅底線與綠底線標示。

1 安裝外掛後，會自動跳到註冊頁面，需要加入會員才能使用 Grammarly；Grammarly 也自備有文字編輯器，但這邊就不做介紹，單純就 Safari 插件的功能說明。打開 Gmail，可以看到底端綠色的圓圈，代表 Grammarly 正在運作中。

2 輸入一段字後，Grammarly 會自動偵測哪裡有錯誤，並以底線顯示。

3 把滑鼠移到有底線標示的字上，就會自動顯示建議修正的字詞。若是付費成為專業版用戶，還可以針對「學術論文」、「商業郵件」等進行更詳細的用詞推薦。

MAC 超密技！

善用 Safari 管理網頁

關於「書籤」的重要性，我想應該已經不用再多花篇幅贅述了；但隨著上網的時間越來越久，書籤也逐漸累積，最終變成一長串雜亂且難以尋找的清單，本篇將要教你如何在 Safari 上利用資料夾、固定式標籤頁管理網頁，讓你有條理地管理閱讀的網頁！

🍎 加入書籤前，先做好分類

要管理任何一種資料之前，先把資料類型定義好是非常重要的。在我看來，值得被加入「書籤」的只有「之後會經常瀏覽」的網頁，像是常逛的部落格、經常要用的火車時刻表查詢網頁等等。

如果你只是想收藏某一篇文章，我會建議用「Pocket」這個服務（在介紹 Safari 外掛的章節時已經有提到）。如果某篇文章看到一半，之後想找時間看完，就更不需要使用書籤了，只要用「閱讀列表」即可，稍後也會介紹到。

好，現在已經定義了書籤中只放「之後經常會瀏覽」的網頁，那麼數量應該已經大幅減少了。要把網頁加入書籤，只要按「Command + D」或在頂端的書籤選單中選取即可，此時書籤就會被加到「喜好項目」之中。「喜好項目」會出現在 Safari 上方的書籤列，以及側邊欄的喜好項目清單中（側邊欄請點工具列上的按鈕即可叫出來）；另外在輸入網址時也會顯示喜好項目中的網頁。

但還有另一種管理書籤的方式，就是打開側邊欄後，在側邊欄空白處點右鍵 > 新增檔案夾。像右圖我就新增了一個「找工作專用」的資料夾。

接著把網址從網址列拖曳到左側的資料夾，即可加入喜好項目以外的書籤。這裡的書籤不會顯示在喜好項目之中，所以也不會顯示在 Safari 上方的書籤列裡。

如何管理「喜好項目」裡的書籤？

上述的作法可以把書籤加到喜好項目以外，因此要查詢就比較不容易，但也不會經常顯示在 Safari 上方顯得很礙眼。那麼，又要如何管理「喜好項目」呢？

1 在 Safari 頂端的「書籤」>「編輯書籤」，或用「Command + Option + B」叫出書籤編輯器，就可以在右上角點「新增檔案夾」。

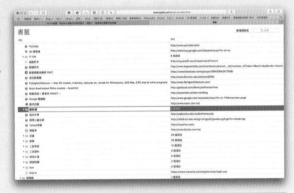

2 之後再把書籤拖曳進去即可。要改變書籤的排列位置，一樣在這裡拖曳並移動即可。

把常用網站設定為「固定標籤頁」

上網時有幾個網頁是我一定會開啟的，分別是 Facebook、蘋果仁數據分析網站、蘋果仁的發文後台、Gmail。對於這幾個網站，除了可以把它們設為書籤以外，還可以設定為「固定標籤頁」，之後每次開啟 Safari 時，這些網頁就會自動開啟並以圖示的方式縮小在最左側方便快速取用。

1 要設定固定標籤頁，在分頁上按「右鍵」>「固定標籤頁」即可。

2 如下圖，可以看到 Safari 左邊已經有了我常用的四個分頁，這些分頁是固定的，每次都會自動開啟。

善用「閱讀列表」管理之後再看的文章

有時候你有一些文章讀到一半，就被工作打斷或是急著出門。這時很多人就會先把文章存到書籤裡，只是之後又忘了這回事，久而久之，書籤就塞滿了一堆看到一半的文章頁。前面已經說過，書籤最好是設定為「之後還會重複使用的網站」，如果是文章，建議用 Safari 的「閱讀列表」功能來管理即可。

1 假使我要把這篇文章移到閱讀列表，把滑鼠移到網址列，點一下此時出現的「+」。

2 就可以看到文章被收藏在側邊欄的「眼鏡圖示」分類下。

3 在 Safari 中，還可以把閱讀列表裡分為「未讀」及「全部」兩種分類，直接在側邊欄的網頁上按右鍵就可以選擇。但我個人是很少用到這個功能就是了。對我來說，閱讀列表已經是一個「暫時性」的書籤，網頁用完或看完就可以關閉，因此沒有再細分為已讀或未讀；但如果想要把收藏的網頁分的更細，Safari 也有提供這個功能給大家就是了。

Safari 內建的 RSS 閱讀器

在新手必備的 App 章節中，我有介紹了一款「Feedly」網頁閱讀器，你可以用它來訂閱網站，之後網站只要有新文章就會自動出現在閱讀器內，等同量身打造的數位報紙。在 Safari 中也有提供這樣的功能，❶ 點一下側邊欄的第三個標籤（@圖示），❷ 點左下角的「訂閱」。

❸ 再點「加入 Feed」，就可以訂閱你現在正在閱讀的網站。

Skill 12-3

MAC 超密技！

善用閱讀器，只留下單純的內容

一個網站難免會有 Logo、選單、廣告、側邊欄等等眼花撩亂的元素，這時可以用 Safari 的「閱讀器」來篩選出純粹的文章內容，捨棄了網頁上的一切排版，還你最舒適的閱讀環境。

1 在蘋果仁的網站中，可以看到網址列旁邊有「 ☰ 」的圖示，這就代表這個網站是支援閱讀器瀏覽的。

2 點一下閱讀器，所有網頁的元素都消失了，只剩下純粹的內容。

點一下網址列右側的「AA」按鈕，可以調整閱讀器的字體、背景、文字大小。

像是選擇黑底就比較不刺眼，再把字體放大，閱讀就更舒適了。

但並不是所有的網站都支援閱讀器功能，如果你正在瀏覽的網站沒有出現前面所說的圖示，那就代表不支援了。

MAC 超密技！

開啟子母畫面，
一邊追劇一邊工作！

之前我很喜歡用 iPhone 一邊播影片，一邊用電腦工作，累的話還可以靠在椅子上看一下電影再繼續。而升級 macOS Sierra 之後，Mac 就有內建這個「子母畫面」的功能了，顧名思義，就是能在電腦的螢幕上多一個小小的子畫面，一邊播放影片，同時也能一邊開啟其他應用程式。要一邊追劇一邊工作或是上網也不是問題了！

如何使用「子母畫面」？

1 支援 html 5 影片播放的網站如 YouTube、Vimeo，都可以用 Safari 開啟後啟用子母畫面。在 YouTube 影片上點第一下右鍵，會叫出 YouTube 自己的選單，此時不要按掉，直接在 YouTube 影片上按第二下右鍵，就可以開啟 Safari 的選單了。

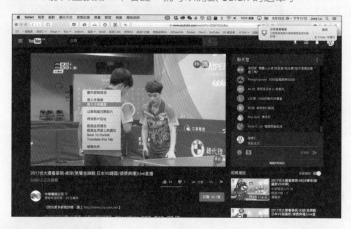

2 在選單中點「子母畫面」，就可以看到影片跑到你的螢幕右下角。

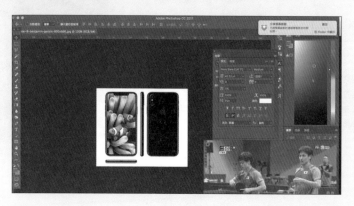

3 這個「子畫面」是可以拖拉角落放大縮小的,也可以放在上下左右四個角落(但只能放在螢幕角落而已),同時,一次只能叫出一個子畫面,播放一段影片。叫出子畫面後,原本的 YouTube 網頁不能關閉,如果在那個 YouTube 介面點了別的影片,子畫面的內容也會跟著改變,因為這個畫面的來源就是來自你開啟的網頁,所以播放內容是跟著網頁走的,關閉網頁後,子畫面也會同步關閉:

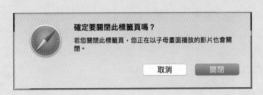

4 點一下子畫面中的 🖼 鈕,就可以讓子畫面回到網頁裡。

🍎 iTunes 的影片也可以使用子母畫面功能

除了網頁外,在 iTunes 播放的家庭影片或是租來的電影,也可以叫出子母畫面。點一下右下角的按鈕即可。

針對子母畫面,你可以:

1. 拖移子畫面的角落縮放大小
2. 直接拖移子母畫面,可以改變位置到任意角落
3. 按住 Command 鍵再拖移,可以將子畫面移到螢幕的任何位置。
4. 按子畫面的左邊按鈕(右圖暫停鍵旁邊那個)回到網頁繼續播放

CHAPTER 13

Mac 推薦 App

MAC 超密技！

BetterTouchTool：大幅強化你的快速鍵、觸控手勢

Mac 雖然內建各種實用的快速鍵以及手勢操作，像是前面章節介紹過的 Mission Control、Launchpad、App Exposé 等等，但難免有些你用不慣的手勢，或是想「如果有這功能該有多好」的操作方式，對吧！

這次介紹的 BetterTouchTool 就是一款讓你自訂各種手勢及快速鍵操作的程式，雖然它是付費軟體，但不誇張地說，如果 Mac 上只能買一款付費 App 絕對是非它莫屬！以下就來介紹 BetterTouchTool 的強大之處，以及我如何自訂專屬的快速鍵及手勢。

購買 BetterTouchTool

請輸入此網址（https://www.boastr.net/buy/）至官網購買正版 BetterTouchTool，若是個人使用的話點選左方的「Purchase Personal BetterTouchTool License」即可。

這款軟體是採用自由贊助的方式購買，因此購買頁面內的價格可以隨意選一個，是沒有差別的，最便宜的方案只需要台幣 160 左右。購買完成後會在信箱收到一組認證碼，再用那組認證碼幫下載下來的 BetterTouchTool 開通即可。

進入 BetterTouchTool 設定手勢

1 在 Mac 頂端的資訊列點開 BetterTouchTool 的圖示並點「Preferences」。點頂端的「Gestures」>「Trackpads」便可以自訂手勢操作。

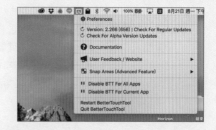

2 在左側選單可以看到「Global」、「Finder」、「Safari」等選項，這代表你等等新增的手勢可以應用在哪些軟體裡，若是將手勢新增在「Global」代表整個 macOS 系統都可以適用你設定的手勢。如果只想要在某些特定軟體內套用特殊手勢，在左側選單新增程式即可，本節最後會有範例，先讓我們回來看看怎麼新增手勢吧。

3 點選右下角的「 + Add New Gesture」，程式會問你「怎樣的手勢操作」要代表「什麼意思」。

4 選單裡有「1～5指」的「輕點、雙點、上、下、左、右滑動」等各種排列組合，基本上你想用什麼手勢都可以。

5 選好手勢後，就可以選這個手勢要代表什麼快速鍵或系統的什麼操作。像右圖這樣就代表「四指向左滑，就移動到右邊的 Space（虛擬桌面）」，由於 BetterTouchTool 實在支援太多系統功能了，所以找不到你想要的用處也可以使用上方的搜尋列。

6 設定完畢後，點一下「Attach Additional Action」，可以讓一個手勢同時完成兩種操作！先執行第一層的操作後，緊接著執行第二層的操作。

7 像右圖這樣，就代表「四指往左滑」將會「『到下一個 Space』並『開啟 Mission Control』」。

8 這邊可以自由發揮，像右圖的設定，就是「三指輕觸」將會「『⌘＋T』並『前往 YouTube』並『加大音量』」，這樣以後我在上網時，只要用三指點一下觸控板，就直接開一個新分頁到 YouTube 並結束靜音模式……類似的設定很多，就看大家怎麼發揮了。

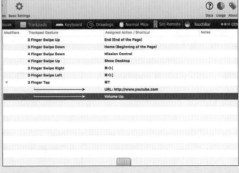

BetterTouchTool 也能設定快速鍵

1 與設定手勢的方法一樣，在上方選「Keyboard」就可以針對各種系統功能自訂快速鍵。針對全系統，這邊我只有自訂一個「Command ⌘ + ↓」會「打開 Finder」這樣而已。

但這功能在 Safari 上卻救了我！由於過去我一直習慣使用 Chrome 作為主力瀏覽器，隨著 Chrome 越來越吃資源、Safari 又越來越好用之後，我就改用 Safari 作為預設的瀏覽器。

唯一的問題是，我在 Chrome 上非常習慣用「Command + Option +方向鍵」來切換分頁，但在 Safari 上卻要使用「Command + Shift +引號」這樣詭異的快速鍵才能達成！這問題最後還是靠 BetterTouchTool 才得以解決。

2 如前面所說，我在左側選單中點「＋」，並把 Safari 加了進來。

3 並在左側點選 Safari 後，把 Chrome 習慣的快速鍵指定為 Safari 的快速鍵。

如上圖，我將快速鍵「⌘＋ Option +方向鍵」在 Safari 中指定為「⌘＋ Shift + [」，這樣即可在我在使用 Safari 時，保留使用 Chrome 的使用習慣。

🍎 也可以用自訂 Touch Bar 快速鍵

在 2016 以後高階款的 MacBook Pro 上，頂端有一條可以自訂功能的 Touch Bar。在 BetterTouchTool 裡也可以針對 Touch Bar 設定各種功能。

顯示起來就長這樣。由於我平常根本用不到什麼 TouchBar 的功能，因此除了音量、亮度以外，其他都設定為工作用的書籤、截圖快速鍵等等。

🍎 BetterTouchTool 其他強大功能

除了手勢外，你也可以自訂「Drawing（畫圖）」或是 Magic Mouse 的操作等等。像是「畫螺旋＝鎖定螢幕」這種事情，BetterTouchTool 也辦得到。以後不管你在哪個軟體碰到不習慣的快速鍵，或是任性地想要設定一些奇怪的手勢、快速鍵，BetterTouchTool 都可以滿足你的需求。

MAC 超密技！
ClipMenu：強化你的剪貼簿

身為一名文字工作者，經常要複製連結、文字，再貼到網站上的編輯器內。但在一個個分頁中穿梭來穿梭去實在是太辛苦了，因此我都用 ClipMenu 這款剪貼簿軟體，它可以讓你一次複製多個文字或圖片，再依自己的偏好陸續貼上，也可以設定常用剪貼簿，把經常要貼上的文字存在 ClipMenu 裡，大大加快了工作效率！

下載 ClipMenu

到 ClipMenu 的官網（http://www.clipmenu. com），點右側的 Download 即可。

一次複製多個資料

通常按 Command + C 複製一段資料後，如果又到另一段文字上按複製，就會把原本的資料給洗掉；但有了 ClipMenu 後，就可以把複製起來的文字、圖片存在裡面；ClipMenu 會常駐在頂端的資訊列上，點一下就可以在裡面的資料夾看到你最近複製的資料，點一下裡面的文字就可以貼上。

由於 ClipMenu 只要儲存超過 10 筆資料，就會用資料夾把它們分開來，所以在 Preferneces 裡面可以在「Menu」設定的第一個「Number of items placed inline」設定資料夾外要顯示幾筆資料。設定完成後，啟動 ClipMenu 時就可以直接看到最近複製的資料了，超過這個數量的資料才會被收到底下的資料夾。

設定常用剪貼簿

我在每一則 Facebook 發文的底下，都會帶一句
「果粉們，快來加入我們社團！https://goo.gl/
nrBmrW」的訊息，但我不大可能去背下那段網址，
每次要用時再手動打上去，因此我的做法是把這句
話直接輸入到 ClipMenu 的常用剪貼簿中。

打開 ClipMenu 的 Preferences，在 Snippet 選單中
就可以設定常用剪貼簿，還可以用資料夾分類。

如何使用 ClipMenu

要啟用 ClipMenu 不一定要在頂端的資訊列，可以用預設的快速鍵「Shift + Command + V」，就
可以直接在游標的位置叫出 ClipMenu，比起預設的貼上只多了個「Shift」鍵，很好記憶。

如果想要自訂 ClipMenu 的快速鍵的話，也可以到
Preferences 裡面的「shortcuts」去調整。

使用 ClipMenu 時有一點要注意，當你從選單貼上某
個文字時，被貼上的那段字會跑到 ClipMenu 選單
的第一個。舉例來說，我現在選擇貼上「這是文字
6」；貼上之後，「這是文字 6」就跑到選單的第一位
了，其他文字則依序繼續排列。要清除剪貼簿裡的所
有資料，點一下選單中的「Clear History」即可。

MAC 超密技！
DaisyDisk：找出 Mac 的容量
都用到哪去了

電腦使用越久，一些有的沒的檔案就越來越多，逐漸地消耗硬碟的容量；在前面的章節有教各位可以用 iCloud Drive 自動上傳許久沒用的老舊檔案，這是我個人覺得最方便的方式。或者在 Finder 活用術裡，也教大家怎麼建立一個「智慧型資料夾」，自動抓出最肥大的檔案。

而在這裡，要告訴大家一款方便的軟體：DaisyDisk，可以視覺化地顯示出你的容量都用在哪邊、用了多少。

🍎 下載 DaiskDisk

免費版可以掃描硬碟的容量使用狀況，付費版可以在 DaisyDisk 中直接刪除檔案；但即使你不願付費，也是可以掃描之後自己手動去找出那個檔案來刪除。免費版或付費版都可以在官網下載；App Store 上僅有付費版本。（DaisyDisk 官網：https://daisydiskapp.com）

🍎 使用 DaiskDisk 掃描硬碟

1 打開 DaisyDisk 後，可以選擇要掃描哪顆硬碟，點一下右側的「掃描」即可。

2 掃描完成後，可以看到左側七彩的圓盤；那代表你硬碟的使用情形，一個顏色代表一個資料夾，面積越大代表佔據的容量越多，這些資訊同時也會列在右側；像是右圖的綠色就代表「使用者」，足足佔了 349.4 GB。

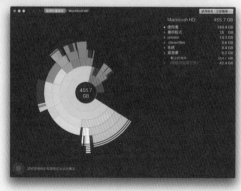

3 點一下右側的「使用者」，看看到底裡面有哪些東西佔掉那麼多空間，這時就可以看到「使用者」資料夾又細分為「資源庫」、「iMyFone」等等，至於現在已經掃描到第幾層資料夾，可以看最頂端的導覽列。

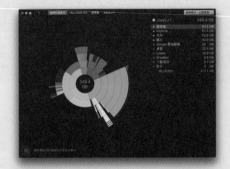

4 把要刪除的檔案或資料夾直接拖曳到左下角，就可以先放到刪除清單裡，此時還沒刪除檔案，只是先幫你留起來準備刪除而已。

5 可以一邊查一邊拖曳檔案到左下角，DaisyDisk 會顯示現在已經收集了幾 GB 用不到的檔案。

6 按下「刪除」後，倒數五秒才會真的刪除檔案，所以要後悔還來得及；免費版在這邊就會卡住了，需要自己依照路徑去把檔案找出來手動刪。

雖然 iCloud Drive 已經幫 Mac 清出了不少可用空間，但不定期地用 DaisyDisk 掃描一下，也經常可以挖出許多根本用不到的程式，一次刪掉它們把空間給騰出來吧！

Skill 13-4

MAC 超密技！
Vanilla：收起雜亂的狀態列圖示

使用 Mac 的時間越久，安裝的軟體越多，頂部的狀態列就越加雜亂，光是我就有 ClipMenu、LINE、Google Drive、Dropbox 等十來個圖示放在上面，其實很多狀態列上的按鈕根本用不到，但它們就是在那邊佔據著畫面，看了也實在礙眼。這時就可以再多裝一個軟體（有點諷刺），來把這些用不到的圖示收起來！

下載 Vanilla

Vanilla 請到官網下載（http://matthewpalmer.net/vanilla/），進入後點超不顯眼的「Download Vanilla for free」即可開始下載。Vanilla 有免費版與付費版，但唯一的差異是「免費版僅能收合圖示」、「付費版可以讓圖示完全消失」，專業版也僅要 NT$ 126 而已。此外，如果推薦四個朋友使用者款軟體，官方就會送你一組序號，以下教學有圖片參考。

使用 Vanilla 隱藏狀態列圖示

打開 Vanilla 後，會發現狀態列多了一個三角形箭頭以及一個小黑點，按住 Command 鍵並拖曳狀態列的圖示，把要收合的圖示收到「箭頭以及小黑點中間」即可。

如下圖，我把 WeChat 以及 Dropbox 都收到三角形箭頭及小黑點中間了。

此時點一下箭頭圖示，就可以把中間的圖示都收起來。

MAC 超密技！

Gestimer：紀錄瑣碎任務的
輕便小程式

我有使用「待辦任務軟體」的習慣，如果你一天要處理各式各樣的工作，我也建議用這類軟體來管理才不會忘東忘西；但挑選待辦任務軟體有一個重點，那就是一定要取用方便、記錄快速！因為一但開啟軟體還要做一堆動作才能把事情記錄下來，久而久之就會覺得「好麻煩喔～我還是記在腦裡就好了」，這樣的念頭一但出現，就是高效生產力的殺手！

在後面的章節我會介紹我使用的 Todoist，而這一章要推薦給大家的是一款超輕量的軟體：Gestimer！Gestimer「不適合」用來記錄重要工作，但很適合用來記錄瑣事，像是「等等回電給 John」、「休息時順道把垃圾丟掉」這種一天之內的小事情，都可以用 Gestimer 來紀錄，把它當作黏在螢幕旁邊的便條紙用就對了！

如何使用 Gestimer ？

1 Gestimer 售價 NT$120，在 Mac App Store 上搜尋「Gestimer」即可購買。下載完後，Gestimer 會固定在頂端的狀態列上，點一下就可以直接新增提醒事項。

2 但它還有一個相當有創意的方式，按住 Gestimer 的圖示並往下拉，就可以設定提醒事項的時間；由於 Gestimer 只能設定一天以內的工作，所以我才說它適合用來記錄瑣事而非重要工作。

3 拉得越長，代表任務的時間排在越久之後。

4 拖拉、放開滑鼠，就會跳出彈跳視窗可以用來輸入任務，只有一行、沒有分類，適合快速紀錄。

5 提醒事項的時間一到，就會彈出通知，點「稍後」的話任務會往後延五分鐘。

6 點一下 Gestimer 的圖示，會顯示現在的任務清單，你也可以在這裡新增或是刪除任務，滑鼠移到清單上就會出現刪除鈕。

7 建議在 Gestimer 的偏好設定裡開啟「Show countdown in menubar」，這樣在狀態列上還會多出倒數的圖示。

拖拉、輸入，這樣就完成待辦事項的記錄了！是不是比找便條紙還要方便呀！至於重要任務的待辦事項清單，建議使用下一章介紹的軟體：Todoist。

對我而言，「待辦事項」有兩類，一種是日常的瑣事，就算不寫下來，只要能記在腦裡也就可以了，例如買牛奶、倒垃圾之類的小事情，對於這類任務需求，建議用上一章介紹的 Gestimer 來快速紀錄。第二種待辦事項則是工作上的重要任務，例如寄回合約、廠商要求的 Deadline、重要的報告等等，這種任務我就會用更專業的軟體來管理，也就是本章要介紹的 Todoist。

先簡單介紹一下 Todoist 的重點功能，首先，它是跨平台整合，包括 iOS/Android/Mac/Windows 甚至到 Chrome 外掛都有，所以重要的任務可以在各個平台間彼此同步不漏接；再來就是分類清晰，你可以自訂任務的「專案項目」，每個任務也都可以設定標籤方便交叉比對。

再來，待辦事項通常只有一句話，像是「9/30 前完成流量報告」，但在這個項目底下，我可能又想要註記「跟 RD 要數據」、「Facebook 來的流量要獨立出來」、「圖表要用藍色系」這類小重點，Todoist 也支援在每個任務底下進行評論，甚至加入附件，讓你在進行工作時一目瞭然。
那麼，就來看看這款強大的軟體吧！

Todoist 新增任務

1　Todoist 的介面如右，左側選單的上方會列出今日、接下來七天的任務清單，下方則是專案分類、標籤等等，一個任務可以隸屬於不同專案、不同標籤。左側就是任務清單列表，介面很好理解。

2　新增任務後，可以直接選擇日期，Todoist 已經幫你把「今天」、「明天」、「下週」、「一個月內」等常用日期設定為快速鍵，所以不用在日曆上選擇。

3 如果在任務的名稱內含有「每天」、「每三天」等等關鍵字，Todoist 還會自動設定為循環日期。

4 在左側點「接下來 7 天」，看看各個專案有哪些要在這週完成；在每一個任務中可以設定優先等級，通常我的習慣會把一週內特別重要及次要的任務標上旗子，其他就先不管它了。太多優先級反而會讓我看了疲乏，失去了警示的作用。在上圖的「提醒」按鈕中，還可以設定寄 Email 提醒、推送通知等等方式。

利用「專案」、「標籤」分類好你的任務

1 我現在身兼蘋果仁的網站主、兩家公司的合作夥伴以及一份正職，所以任務可以以「專案」來分成這幾個大項目；至於「標籤」，我只用在分類這件事是「雜事」還是「別人的事」這兩種。所以，我可以一次把「別人的事」任務叫出來並分派下去，除此之外，就依照專案一個一個進行。

2 在左側新增專案後，可以拖拉變成專案底下的子項目方便更進一步分類。要新增標籤，就像 Facebook 上的 tag 一樣，打 @ 就可以新增標籤；第一次新增時，輸入完畢後點「創建××」的按鈕即可。

3 Todoist 還有一個「過濾器」的分類，可以把「指定給我的任務」或是「優先級較高的任務」單獨過濾出來。

Todoist 每條任務的註解

1 一個待辦事項中，可能還有很多注意事項；就如同本章開頭所舉的例子一樣。滑鼠移到任務字樣，旁邊就會出現一個對話框。

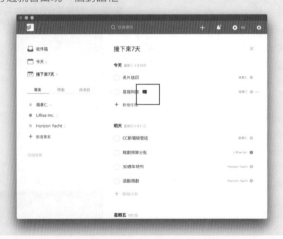

2 點下去，就可以新增評論、附件、語音訊息等等。如果這個專案有其他團隊成員共享的話，他們也可以在任務底下新增評論。

🍎 與團隊成員共享專案

1 Todoist 用來作為團隊的任務管理軟體也很方便。共享是以一個個專案進行的，要把某個專案與同事協作，只要點一下右鍵 >「分享專案」即可。

2 輸入對方的 Todoist 帳號即可。

3 在每個任務底下，可以分配這個任務給負責人：像是蘋果仁現在有三個專案正在進行中，分別由三位同事分頭處理，但每個同事也都可以在對方的任務底下留言、加上附件補充資料，完成後再由組長或負責人把任務取消，相當方便！

MAC 超密技！

Magnet：自動縮放、排列
你的 Mac 視窗畫面

在 Windows 上，當你拖拉視窗到螢幕側邊時，視窗就會自動變成畫面的一半寬度、拉到角落就會變成 1/4 長寬……諸如此類的功能，是少數我覺得 Windows 設計得比 Mac 還要好的地方。幸好在 Mac 上只要用這款 Magnet 軟體，也可以達成這種方便的視窗排列。

下載並安裝 Magnet

到 Mac App Store 搜尋「Magnet」即可購買，售價 NT$30 元；安裝時要先到「系統偏好設定」>「安全性與隱私」>「隱私」>「輔助使用」，將 Magnet 勾選起來即可完成安裝。

把視窗拖拉到不同位置，可以自動縮放成「全螢幕」、「半螢幕」、「1/4 螢幕」、「1/3 螢幕」等等，如下：

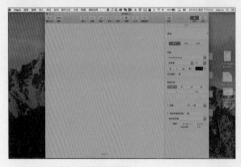

 把視窗拖到頂部，軟體會佔滿螢幕

 把視窗拖到底部，軟體會以 1/3 寬度開啟

◉ 把視窗拖到頂部，軟體會以 1/4 大小開啟

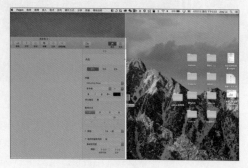

◉ 把視窗拖到側邊，軟體會以 1/2 寬度開啟

為什麼要讓視窗用不同大小開啟呢？因為這樣一來就可以把桌面規劃成這樣：

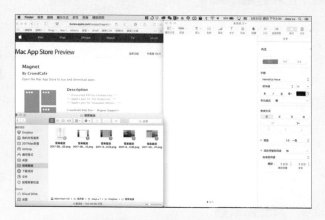

左側用 Safari 查資料、右側用 Pages 寫文件，下方有 Finder 放圖片等等，把需要的視窗都排列在螢幕上，就省去了在 App 間切換的動作。如果你使用的是大螢幕的 iMac，這款軟體的好處就更為明顯了。

滑鼠點一下狀態列上的 Magnet，可以看到各個大小還有對應的快速鍵。我個人是只有記下「Control + Option +方向鍵」這組快速鍵。有時要經常在兩個程式間切換，像是 Safari + Pages、Outlook + Todoist，甚至是一次開啟多個 Finder 整理資料時，我就會用這些快速鍵把視窗一左一右、一上一下的排好，這樣要拖拉資料、一邊看資料一邊打字都方便得多！

Mac 內建的軟體已經可以達成大部分的工作，像是用「照片」管理相片、用「預覽程式」修圖及編輯 PDF、甚至還有 iWork 可以進行文書處理等等。儘管如此，偶爾還是會碰到內建軟體處理不了的狀況，因此在本章先介紹各位這些新手必備的 App，讓你操作更為順手！

App Cleaner：把軟體刪除乾淨

在本書前面的教學中有介紹了刪除軟體的方法，但要把軟體刪得乾乾淨淨，還是透過 App Cleaner 這款軟體比較好。

VLC：萬能的影片播放軟體

這是個人使用超過七年的影片播放軟體。支援的格式多、軟體穩定，也支援字幕檔（把字幕檔直接拖曳進去畫面即可），要快轉也只要用快速鍵「⌘＋ Option ＋方向鍵」即可，相當方便。

The Unarchiver：解壓縮軟體

解壓縮這項工作應該也是所有人都會碰到的吧！在 Mac 上我推薦 The Unarchiver 這款軟體；要「壓縮檔案」的話，只要在檔案上按右鍵，選「壓縮 XXXX」即可。

Welly：上 BBS 用的軟體

Mac 上好用的 BBS 瀏覽器並不多，應該說只有兩款而已，我推薦「Welly」這款鄉民專用的程式，支援表情符號快速輸入、防閒置等基本功能。

Transmission：下載 BT 用的軟體

雖然已經很少下載 BT 了，但如果有這類需求，Transmission 操作簡單直覺，是最好用的程式。

HandBrake：萬能轉檔軟體

要把聲音轉檔、影片轉檔、加入字幕等等，都可以用這款免費的轉檔神器。操作很簡單，把檔案拖曳進去、選要轉成什麼格式、按下去就完成了！

Feedly：RSS 新聞閱讀器

RSS 可以訂閱自己喜歡的網站，沒有廣告和令人分心的資訊，是個遠比 Facebook 好用的資訊搜集器；只可惜大家都越來越少用 RSS 了……在 Feedly 裡輸入實用的網站，有很高的機率就可以直接訂閱他們的更新，打造一份專屬的數位報紙。

Pocket：稍後閱讀工具

在 Safari 外掛章節已經有介紹過這個工具，它也有出 Mac App 版，可以把喜歡的文章存下來，它會依照你的喜好推薦更多文章給你，同時也有跨裝置、無廣告閱讀等優點。

Duplicate Finder：找出重複的文件，清理出可用空間

雜物檔案一多，就會這邊一份、那邊一份，累積了大量相同的檔案。不僅佔據空間，也造成了管理上的困擾，這款由趨勢科技開發的 Duplicate Finder 可以用檔名、位置、大小、日期等要素來判斷哪些檔案是重複的。

由於部分軟體的載點會變動，因此本章節介紹的所有軟體的（包括本篇以及之後的章節）請統一至 https://applealmond.com/posts/12011 下載，若有載點失效或軟體停止更新的狀況，也會統一在那篇文章更新。

一心文化　skill 002

Mac超密技！省時省力的Apple工作術

作　　者　蘋果仁編輯群
編　　輯　蘇芳毓
美術設計　徐子大

出　　版　一心文化有限公司
電　　話　02-27657131
地　　址　11068 臺北市信義區永吉路302號4樓
郵　　件　info@soloheart.com.tw
初版一刷　2018年4月

總 經 銷　大和書報圖書份有限公司
電　　話　02-89902588
定　　價　450元

國家圖書館出版品預行編目(CIP)資料

Mac超密技!省時省力的Apple工作術 / 蘋果仁著.
-- 初版. -- 臺北市：一心文化出版：大和發行, 2018.04　256面；17x23公分. -- (一心文化Skill；2)
ISBN 978-986-95306-2-0(平裝)
1.作業系統
312.54　　107002856